职业教育移动应用技术与服务专业系列教材

移动网站开发 jQuery Mobile 实践教程

主　编　杨晓亮　王　霞
副主编　王　苒　肖媚娇　王　璐　金雯岚
参　编　李晓方　蔺首晶　于　瀛　张　琦

机械工业出版社

本书以 jQuery Mobile 为基础，结合职业学校学生的特点，采取任务驱动式的编写方式，将抽象的知识点融入具体的任务中，使学生在完成任务的同时掌握相关知识，并通过综合案例巩固所学知识。

本书包含认识 jQuery、认识 jQuery Mobile、jQuery Mobile 页面制作、jQuery Mobile 组件应用、jQuery Mobile 主题样式设置、jQuery Mobile 事件处理、jQuery Mobile 插件使用、移动建站实例 8 个项目，详细介绍了 jQuery Mobile 移动建站相关技术。本书可作为中等职业学校移动应用开发及相关专业的教材，也可作为计算机爱好者的参考书。

本书配有电子课件等教学资源，选用本书作为授课教材的教师可以登录机械工业出版社教育服务网（www.cmpedu.com）注册后免费下载，或联系编辑（010-88379807）咨询。

图书在版编目（CIP）数据

移动网站开发 jQuery Mobile 实践教程 / 杨晓亮，王霞主编 . — 北京：机械工业出版社，2022.1（2025.7 重印）
职业教育移动应用技术与服务专业系列教材
ISBN 978-7-111-70112-5

Ⅰ.①移… Ⅱ.①杨… ②王… Ⅲ.①超文本标记语言—程序设计—职业教育—教材②网页制作工具—职业教育—教材③JAVA 语言—程序设计—职业教育—教材 Ⅳ.① TP312.8

中国版本图书馆 CIP 数据核字（2022）第 017730 号

机械工业出版社（北京市百万庄大街 22 号　邮政编码 100037）
策划编辑：李绍坤　责任编辑：李绍坤　张翠翠
责任校对：张　力　封面设计：马精明
责任印制：李　昂
涿州市般润文化传播有限公司印刷
2025 年 7 月第 1 版第 2 次印刷
210mm×297mm・12.5 印张・246 千字
标准书号：ISBN 978-7-111-70112-5
定价：45.00 元

电话服务　　　　　　　　　网络服务
客服电话：010-88361066　　机 工 官 网：www.cmpbook.com
　　　　　010-88379833　　机 工 官 博：weibo.com/cmp1952
　　　　　010-68326294　　金 书 网：www.golden-book.com
封底无防伪标均为盗版　机工教育服务网：www.cmpedu.com

前言 PREFACE

随着互联网+时代的到来，移动网站开发已经成为计算机软件相关专业技术人员必备的一项基本技能。本书在 jQuery Mobile 平台的基础上，以具体的任务为载体，由浅入深地介绍了移动网站的开发过程。本书适用于中等职业学校开设的移动网站开发课程，能满足移动网站开发入门及自学等不同层次人员的需求。

当前互联网行业发展迅速，市场对以 HTML5 为载体的移动网站开发人员的需求巨大。通过本书的学习，学生在掌握网页制作、JavaScript 和 jQuery 的基础上，能够快速进行移动网站建站，并能从事移动网站前端开发相关工作。

本书结合中等职业学校学生的特点和编者多年在网站方面的教学经验，采取任务驱动式的编写方式，将抽象的知识点融入具体的任务中，使学生在完成任务的同时掌握相关知识，并通过综合案例巩固所学知识。本书中的项目利用移动设备模拟器，将开发的效果进行仿真演示，让学生体会实际的网站效果，解决了编程枯燥的问题。

本书包括 8 个项目。其中，项目 1 介绍了 jQuery 的基本知识，为后面的项目打下基础。项目 2~ 项目 7 是根据 jQuery Mobile 在页面、组件、主题样式、事件、插件等方面的具体应用而编写的。项目 8 将前几个项目所包含的知识点综合应用，形成了一个完整的移动网站开发项目，以提高学生的综合应用能力。

本书学时建议如下表。

项　目	动手操作学时	理论学时
项目 1　认识 jQuery	7	1
项目 2　认识 jQuery Mobile	3	1
项目 3　jQuery Mobile 页面制作	12	2
项目 4　jQuery Mobile 组件应用	12	2
项目 5　jQuery Mobile 主题样式设置	8	2
项目 6　jQuery Mobile 事件处理	10	2
项目 7　jQuery Mobile 插件使用	8	2
项目 8　移动建站实例	12	0

PREFACE

本书由杨晓亮、王霞任主编，王苒、肖媚娇、王璐、金雯岚任副主编，参加编写的有李晓方、蔺首晶、于瀛、张琦。另外，杨晓亮负责本书的统稿工作。杨晓亮完成了项目1、项目2、项目6、项目8和项目7的任务4及任务5的编写，于瀛完成了项目3、项目4和项目7前3个任务的编写，王霞完成了项目5的编写，编者团队中的其他人协助编写。杨晓亮完成全书的统稿校对，张琦协助完成。

由于编者个人能力及条件有限，书中疏漏和不足之处在所难免，希望广大读者批评指正。

编　者

二维码清单

项目-任务名称	二维码	项目-任务名称	二维码
1-2 使用 jQuery 改变 CSS 样式		3-7 添加按钮	
1-3 使用 jQuery 进行事件处理		3-8 制作导航栏	
2-3 第一个 jQuery Mobile 页面		3-9 制作尾部栏	
3-2 页面跳转		3-10 页面布局	
3-3 返回操作		3-11 可折叠区块使用	
3-4 弹出对话框		4-1 添加按钮组组件	
3-5 页面缓存		4-2 认识表单组件	
3-6 使用命名锚记		4-4 添加开关按钮	

（续）

项目-任务名称	二维码	项目-任务名称	二维码
4-5 使用单选按钮制作投票页面		6-2 触摸事件——滑动屏幕浏览图片	
4-7 使用自定义菜单		6-3 屏幕滚动事件——切换背景	
4-8 分组列表		6-4 翻转事件——依据手持方向翻转屏幕	
4-9 图标设置与计数器		6-5 jQuery Mobile 常用技巧实战	
4-11 列表过滤		7-1 使用 ActionSheet 插件实现弹出窗口效果	
5-1 使用默认主题样式		7-2 使用 mmenu 插件制作侧边菜单效果	
5-2 修改默认主题样式		7-3 使用 Mobiscroll 插件选择时间和日期	
5-3 自定义主题样式		7-4 使用 Camera 插件实现滚动幻灯片效果	
6-1 页面事件——页面切换		7-5 使用 Swipebox 插件实现图片扩大效果	

CONTENTS 目 录

前 言
二维码清单

项目 1—— 认识 jQuery ·· 1
  项目概述 ·· 1
  项目分析 ·· 1
  任务 1 加载 jQuery 函数库 ·· 1
  任务 2 使用 jQuery 改变 CSS 样式 ·· 4
  任务 3 使用 jQuery 进行事件处理 ·· 8
  项目小结 ·· 19

项目 2—— 认识 jQuery Mobile ·· 20
  项目概述 ·· 20
  项目分析 ·· 20
  任务 1 下载及安装 Opera Mobile Emulator 移动设备模拟器 ··· 20
  任务 2 加载 jQuery Mobile 函数库 ·· 22
  任务 3 第一个 jQuery Mobile 页面 ·· 23
  项目小结 ·· 29

项目 3—— jQuery Mobile 页面制作 ·· 30
  项目概述 ·· 30
  项目分析 ·· 30
  任务 1 设计页面 ·· 30
  任务 2 页面跳转 ·· 33
  任务 3 返回操作 ·· 36
  任务 4 弹出对话框 ·· 39

— VII —

CONTENTS

 任务 5 页面缓存 ……………………………………………… 42
 任务 6 使用命名锚记 ……………………………………… 46
 任务 7 添加按钮 …………………………………………… 48
 任务 8 制作导航栏 ………………………………………… 51
 任务 9 制作尾部栏 ………………………………………… 54
 任务 10 页面布局 …………………………………………… 57
 任务 11 可折叠区块使用 …………………………………… 62
 项目小结 ……………………………………………………… 65

项目 4—— jQuery Mobile 组件应用 ……………………………… 66

 项目概述 ……………………………………………………… 66
 项目分析 ……………………………………………………… 66
 任务 1 添加按钮组组件 …………………………………… 66
 任务 2 认识表单组件 ……………………………………… 69
 任务 3 添加滑块组件 ……………………………………… 71
 任务 4 添加开关按钮 ……………………………………… 74
 任务 5 使用单选按钮制作投票页面 ……………………… 76
 任务 6 使用复选框制作调查问卷 ………………………… 79
 任务 7 使用自定义菜单 …………………………………… 82
 任务 8 分组列表 …………………………………………… 89
 任务 9 图标设置与计数器 ………………………………… 91
 任务 10 格式化列表 ………………………………………… 94
 任务 11 列表过滤 …………………………………………… 97
 项目小结 ……………………………………………………… 100

项目 5—— jQuery Mobile 主题样式设置 …………………………… 101

 项目概述 ……………………………………………………… 101
 项目分析 ……………………………………………………… 101
 任务 1 使用默认主题样式 ………………………………… 101
 任务 2 修改默认主题样式 ………………………………… 106
 任务 3 自定义主题样式 …………………………………… 109

CONTENTS

项目小结 ··· 113

项目 6—— jQuery Mobile 事件处理 ·· 114

项目概述 ··· 114
项目分析 ··· 114
任务 1 页面事件——页面切换 ··· 114
任务 2 触摸事件——滑动屏幕浏览图片 ·· 121
任务 3 屏幕滚动事件——切换背景 ·· 126
任务 4 翻转事件——依据手持方向翻转屏幕 ·································· 131
任务 5 jQuery Mobile 常用技巧实战 ·· 136
项目小结 ··· 145

项目 7—— jQuery Mobile 插件使用 ·· 146

项目概述 ··· 146
项目分析 ··· 146
任务 1 使用 ActionSheet 插件实现弹出窗口效果 ····························· 146
任务 2 使用 mmenu 插件制作侧边菜单效果 ·································· 149
任务 3 使用 Mobiscroll 插件选择时间和日期 ·································· 153
任务 4 使用 Camera 插件实现滚动幻灯片效果 ······························· 157
任务 5 使用 Swipebox 插件实现图片扩大效果 ································ 162
项目小结 ··· 166

项目 8—— 移动建站实例 ·· 167

项目概述 ··· 167
项目分析 ··· 167
任务 1 制作店铺 APP 引导页 ··· 167
任务 2 制作店铺 APP 启动页 ··· 174
任务 3 制作店铺 APP 首页 ·· 177
任务 4 制作产品列表页 ··· 180
任务 5 制作产品介绍页 ··· 183
项目小结 ··· 188

参考文献 ··· 189

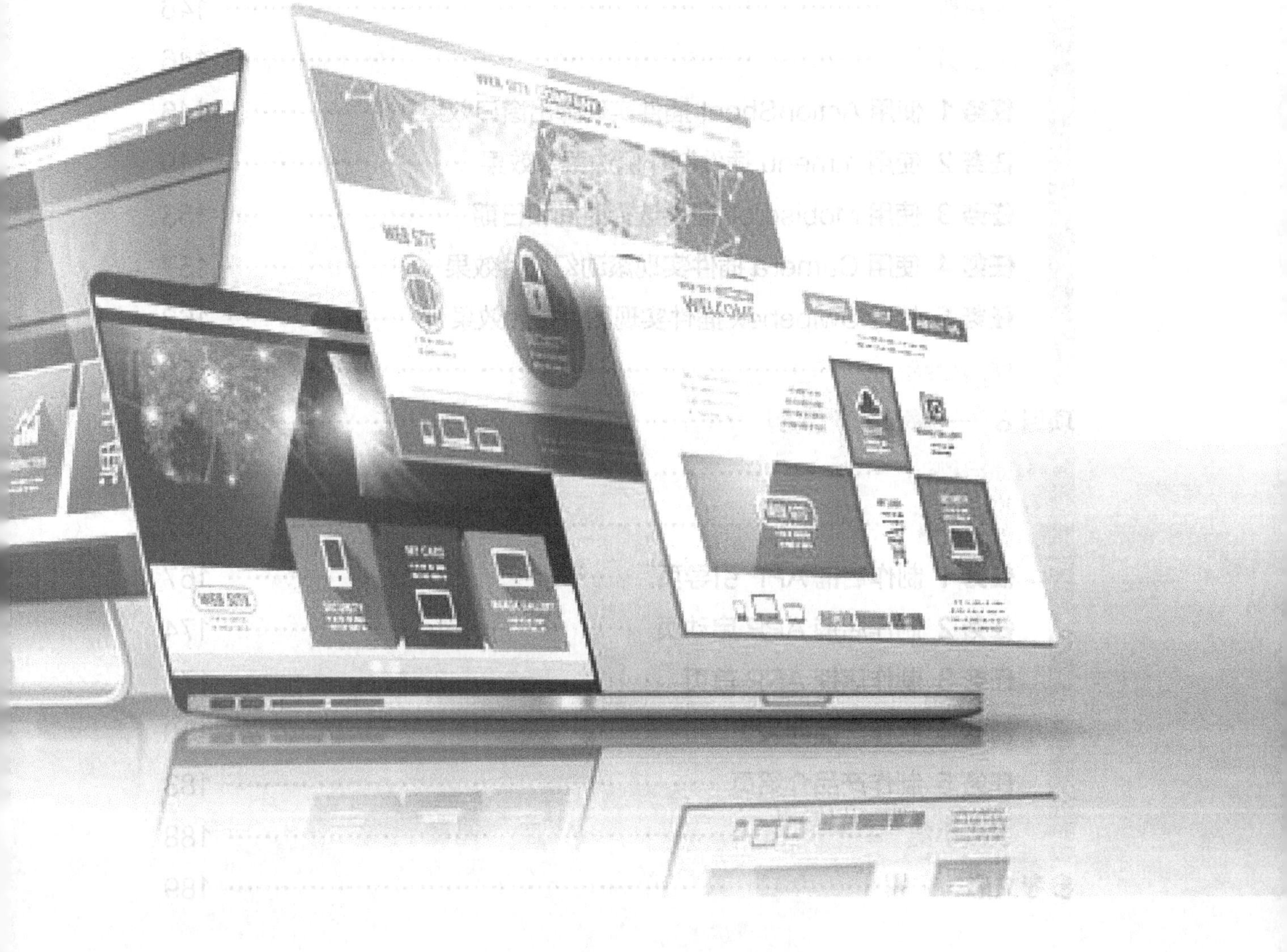
WEB SITE
WELCOME
WEB SITE
SECURITY
WEB SITE

项目 1 —— 认识 jQuery

项目概述

本书的核心开发框架 jQuery Mobile 是在 jQuery 基础上开发的移动端核心库。该框架沿用了 jQuery 的语法基础，因此，熟悉 jQuery 相关知识对于学习移动端开发具有重大作用。本项目概要地介绍了 jQuery 的作用、加载方法、基本语法、选择器，并通过实际案例介绍了利用 jQuery 改变 CSS 样式和进行事件处理的方法。

项目分析

本项目的主要目的是让读者熟悉 jQuery 框架，为后续课程打基础。学习本项目需要有一定的 HTML 和 JavaScript 基础。jQuery 是在 JavaScript 的基础上开发的一套函数库，可以在很大程度上简化 JavaScript 代码，方面使用。jQuery 和 JavaScript 的关系类似于 JDK 与 Java 的关系。学好 jQuery 可以大大简化网站前端操作。

任务1　加载jQuery函数库

任务分析

jQuery 是一套使用 JavaScript 编写的函数库。类似于 Java 需要安装 JDK 才能使用一样，jQuery 也需要加载函数库才能使用。加载 jQuery 函数库有两种方法：一种是将函数库下载到本地，通过网页引用本地 .js 文件加载；另一种是利用主流网站提供的 CDN（内容分发服务网络）进行在线加载。本任务将详细介绍这两种方法。最后，通过简单的案例验证 jQuery 是否加载成功。

任务实施

1. 本地加载 jQuery。在 jQuery 的官方网站 http://jquery.com 下载 v3.4.0 版本，网站首页如图 1-1 所示。单击页面中的 Download jQuery 按钮，进入 jQuery 下载页面。页面中有两种格式可以下载，一种是已经压缩过的版本 Download the compressed, production jQuery

3.4.0，该版本的文件比较小，下载后是 jquery-3.4.0.min .js 文件；还有一种是没有压缩的 Download the uncompressed, development jQuery 3.4.0，该版本的文件比较大，适合程序开发人员使用，下载后的文件是 jquery-3.4.0.js，如图 1-2 所示。

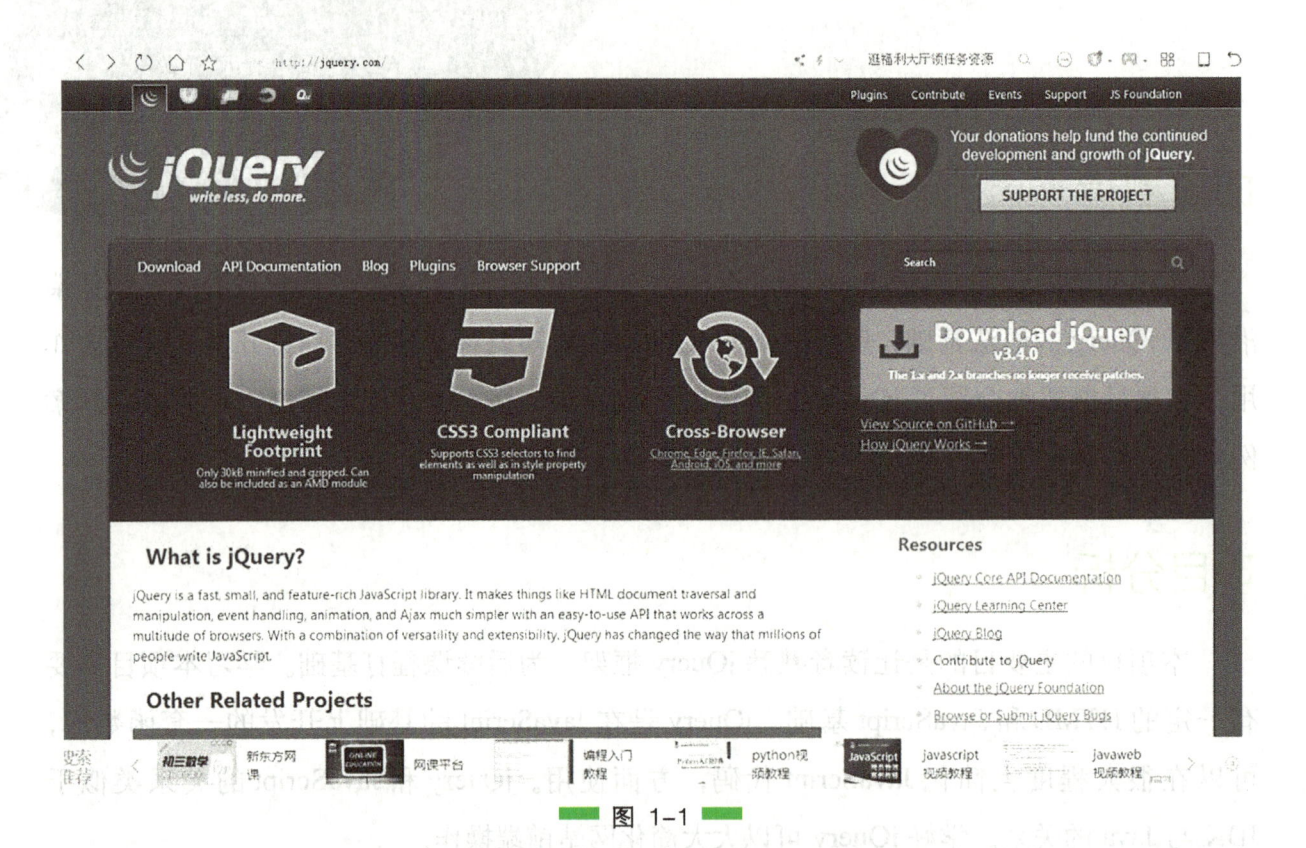

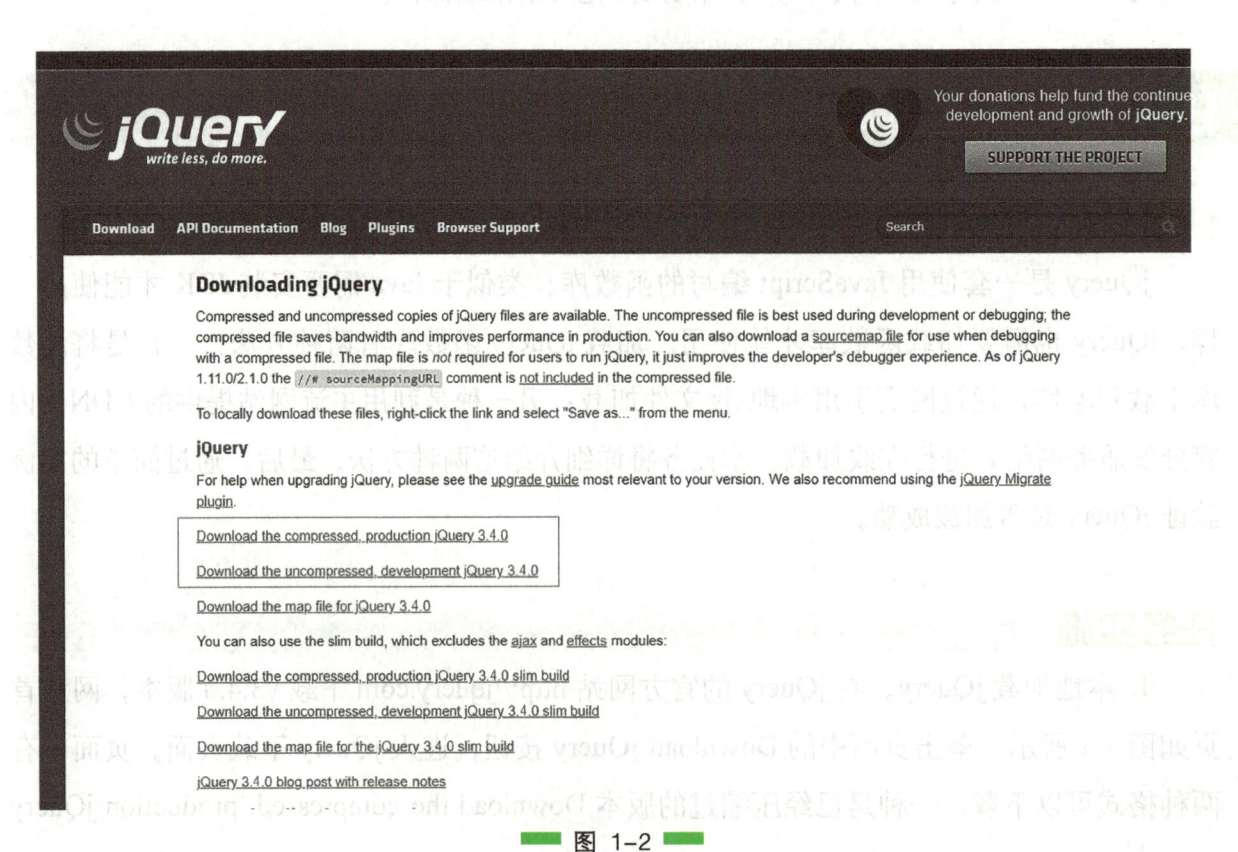

图 1-1

图 1-2

项目1 —— 认识jQuery

2. 下载完成后，就可以在网页中链接下载的jQuery函数库了，链接方法与链接外部 .js 文件的方法相同，在 <head></head> 标签之间通过 <script> 标签进行链接，代码如下：

```
<script type="text/javascript" src=" jquery-3.4.0.min .js"></script>
```

> 提示：以上代码中，jQuery的路径为网站根路径，如果jQuery文件不在网站根路径，则需在src中引用实际路径。

3. 在线加载 jQuery。在计算机联网的情况下也可以使用 CSN 加载 jQuery，只需要将网址加入 src 中即可，代码如下：

```
<script type="text/javascript" src=" http://code.jquery.com/ jquery-3.4.0.min .js"></script>
```

> 提示：jQuery v2.x之后的版本不再支持IE6、IE7和IE8，如果用户使用的是版本较低的浏览器，建议用户下载或者使用CDN加载v1.10.2版本的jQuery函数库。

4. 启用 jQuery 的基本语法。jQuery 需要等待浏览器加载完成 HTML 的 DOM 对象后才能执行。可以通过 ready() 方法来确认 DOM 是否加载完成，因此代码需写在 ready() 的内置函数中，代码如下：

```
jQuery(document).ready(function(){
alert("这里是程序代码！");
});
```

此代码的运行效果是：当 DOM 加载完毕时，弹出对话框，显示"这里是程序代码！"。

5. 在 jQuery 中，"jQuery" 和 "$" 的含义是一样的，因此上述代码可以修改为如下代码：

```
$(document).ready(function(){
alert("这里是程序代码！");
});
```

$() 函数括号内的参数指定选用哪一个对象，本例选定的是整个页面对象。之后是调用对象的方法，这里调用的是页面加载完毕的 ready() 方法。ready() 方法括号内的是事件处理的函数程序代码，通常使用匿名函数来处理，也就是上述代码中的 function(){}。

6. 因为几乎每一个 jQuery 页面都会使用 $(document).ready() 方法，因此 jQuery 给该方法提供了一种简洁的写法，代码如下：

```
$ (function(){
alert("这里是程序代码！");
});
```

执行效果与之前一样。

任务2 使用jQuery改变CSS样式

任务分析

本任务主要介绍使用 jQuery 来改变页面的 CSS 样式，其中涉及的主要知识点是 jQuery 选择器。jQuery 为用户提供了多种利用 DOM 选择 HTML 元素的方法，主要包括类选择器、id 选择器以及标签选择器等。通过本任务实践，读者可以掌握常用选择器的用法，并利用选择器来实现改变样式的功能。

任务实施

1. 用浏览器预览 1-2.html，观察页面效果，如图 1-3 所示。

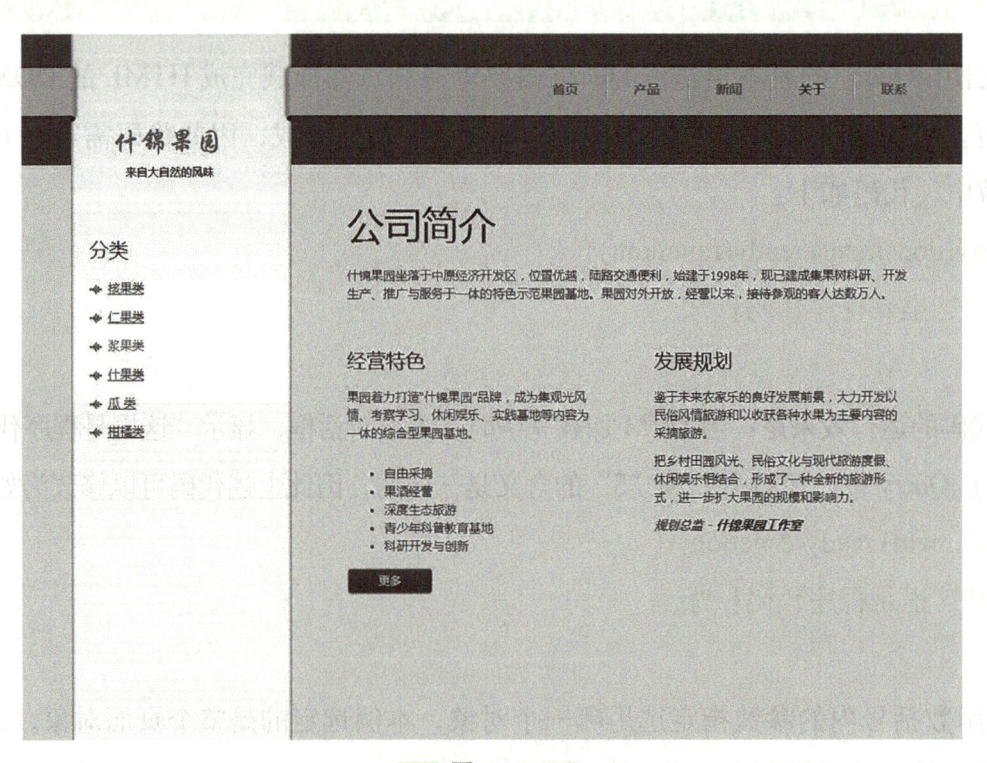

图 1-3

2. 用记事本或者 Dreamweaver 等工具打开本书提供的资源中的任务 2 中的 1-2.html，首先在 \<head\>\</head\> 中间添加引入 jQuery 的代码：

```
<script type="text/javascript" src=" jquery-3.4.0.min .js"></script>
```

3. 在上述代码后加入如下代码，开始使用 jQuery：

```
<script type="text/javascript">
    $(function(){
```

项目 1 —— 认识 jQuery

```
    });
  </script>
```

4. 使用 jQuery 标签选择器将所有 `<span></span>` 标签（该标签显示在本书提供的资源中）中的内容背景颜色设为红色，代码如下：

```
<script type="text/javascript">
  $(function(){s
    $('span').css('background-color','red');
  });
</script>
```

5. 在浏览器中打开页面，可以看到所有 `<span></span>`（该标签显示在本书提供的资源中）中的内容背景色变成了红色，如图 1-4 所示。

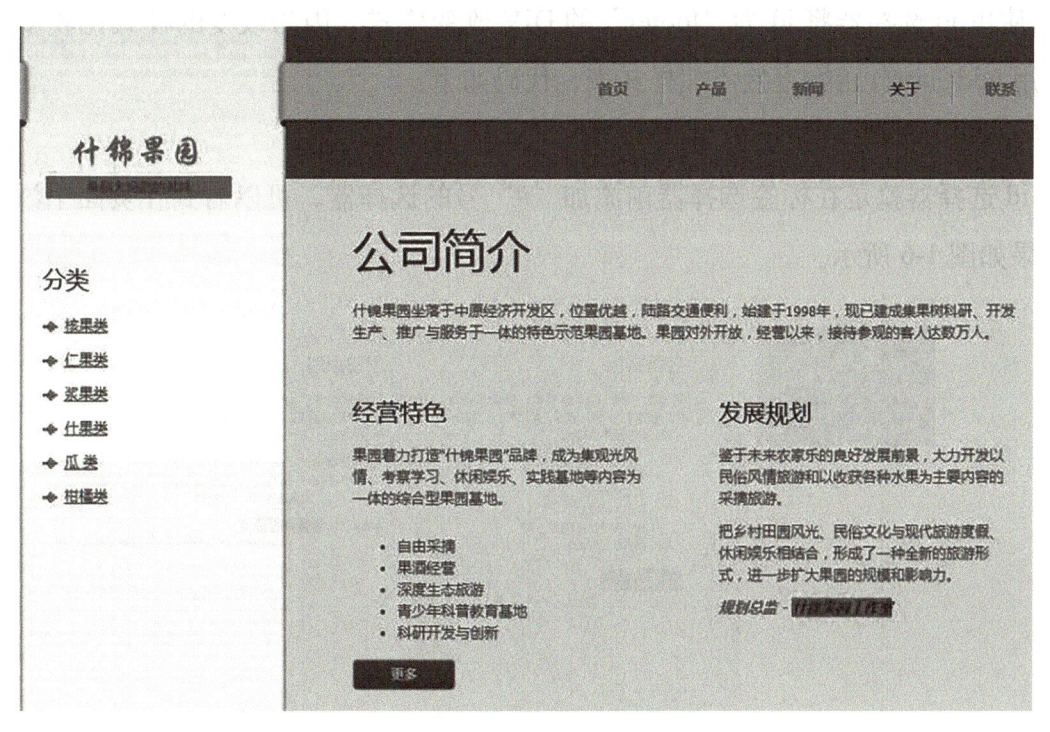

图 1-4

6. 使用类选择器将样式为"categories_list"的标签背景颜色设为灰色，如图 1-5 所示。在 $(function(){}) 函数中添加如下代码：

```
$('.categories_list ').css('background-color',grey);
```

7. 不难发现，类选择器就是在 id 选择器前加个"."号的选择器。

图 1-5

8. 使用 id 选择器将 id 为"footer"的 DIV 改变样式，因为改变的样式比较多，因此可以使用 addClass() 函数直接添加样式表，代码如下：

$('#footer').addClass('footer');

9. id 选择器就是在标签选择器前添加"#"号的选择器，可以看到在页面中添加了页脚，效果如图 1-6 所示。

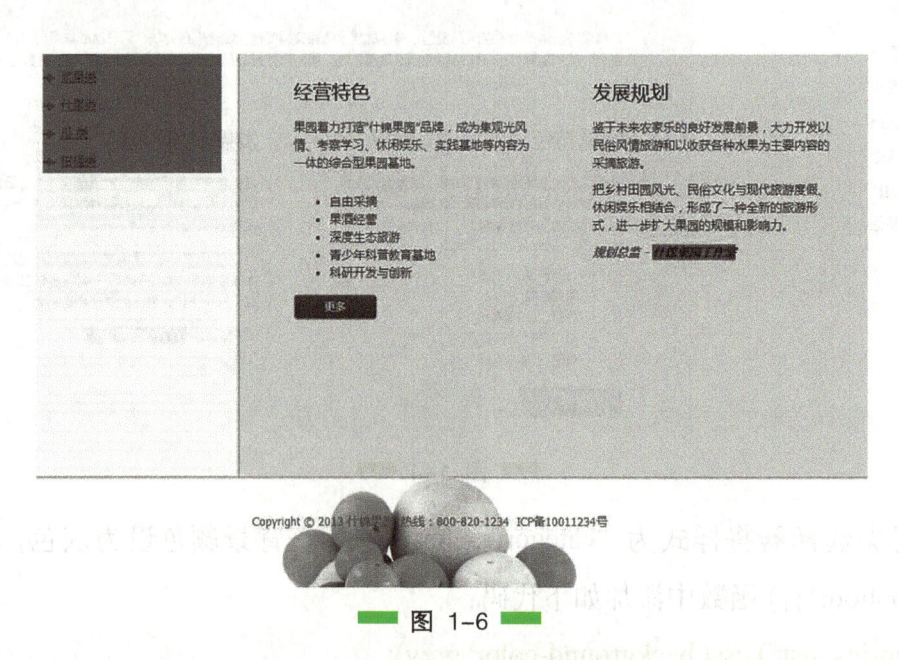

图 1-6

10. jQuery 也支持层叠选择器，例如可以通过层叠样式改变超链接的样式。在 ready() 函数中添加如下代码，可以去掉左侧导航条链接的下画线：

$('.categories_list>li>a').css('text-decoration','none');

或者

$('.categories_list li a').css('text-decoration','none');

项目 1 —— 认识 jQuery

11. jQuery 选择器的写法类似于 CSS 选择器写法，效果如图 1-7 所示。

12. 还可以通过属性添加的方式选择指定的 HTML 对象。在 ready() 函数中添加如下代码，可以改变"经营特色"中列表的样式：

$('#ts li:even').css('background-color','yellow');

$('#ts li:odd').css('background-color','green')

$('#ts li:first').css('color','red')

$('#ts li:last').css('font-weight','bold');

13. 以上代码实现的效果是为偶数行的 <li></li> 标签（该标签显示在本书提供的资源中）内容添加黄色背景，为奇数行添加绿色背景，第一个标签内容设置为红色，最后一个标签字体加粗。这些都是通过给选择器添加属性来实现的。

> 提示：DOM中的编号是从0开始的，因此选择even属性的选择器实际上选的是奇数行，而选择odd属性的选择器实际上选的是偶数行。

14. 页面在浏览器中的预览效果如图 1-8 所示。

图 1-7 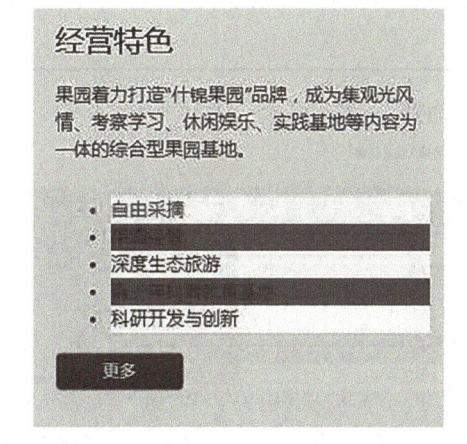　　　　　　　　　　图 1-8

至此，使用 jQuery 选择器改变 CSS 样式的基本方法就介绍完了，完整的 jQuery 代码如下：

```
<script type="text/javascript">
    $(function(){
        $('span').css('background-color','red');
        $('.categories_list ').css('background-color','grey');
```

— 7 —

```
                    $('#footer').addClass('footer');
$('.categories_list>li>a').css('text-decoration','none');
                    $('#ts li:even').css('background-color','yellow');
                    $('#ts li:odd').css('background-color','green')
                    $('#ts li:first').css('color','red')
                    $('#ts li:last').css('font-weight','bold');
        });
</script>
```

任务3　使用jQuery进行事件处理

任务分析

本任务重点介绍 jQuery 处理 JavaScript 常用事件的方法。本任务通过案例将 JavaScript 常用的单击、失去焦点、获得焦点和改变状态等事件结合不同的业务需求整合到一起。读者通过本任务可以了解实际项目中常用的前台事件处理方法。

任务实施

1. 单击事件与获得焦点事件。用浏览器预览 1-3.html，观察页面效果，如图 1-9 所示。

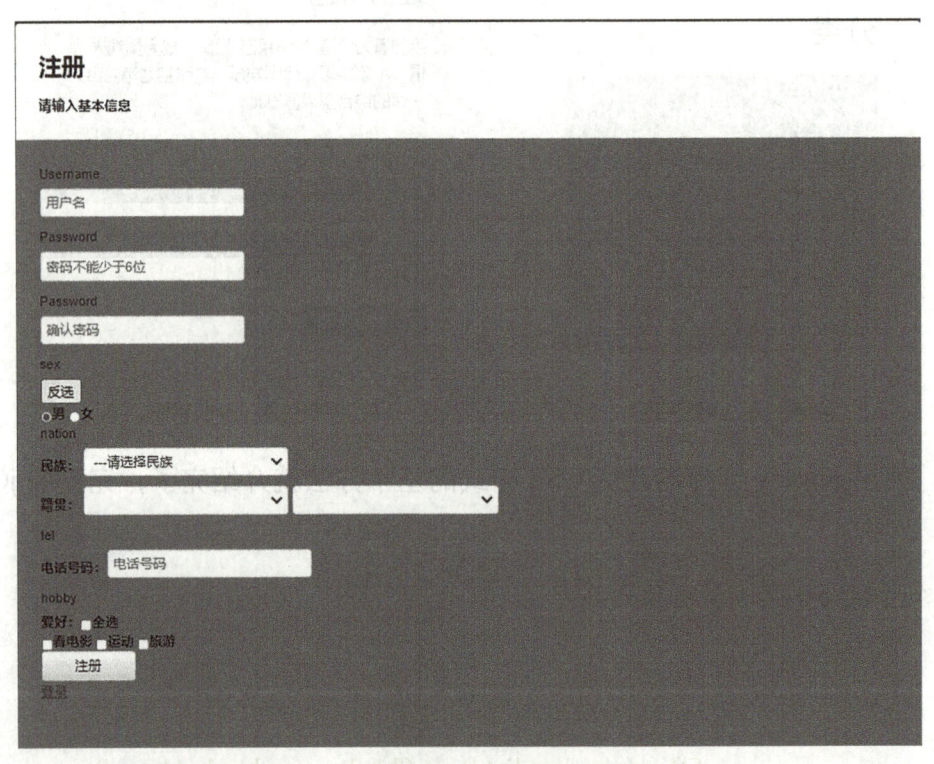

图 1-9

项目 1 —— 认识 jQuery

2. 在 js 文件夹下新建 .js 文件"my.js",在文件中添加函数 checkNull(),用来检验控件内容是否为空,代码如下:

```
function checkNull(source,add,tag)
    {   var cn=false;
      if($("#"+source).val()==null||$("#"+source).val()=="")
          {
             if($("#"+add).length<=0)
                {
                     $("#"+source).after("<span style='color:red' id="+add+">"+tag+"不能为空！</span>");
                          cn=true;
                }
             else
                $("#"+add).html("<span style='color:red' id="+add+">"+tag+"不能为空！</span>");
             $("#"+source).focus();
             return cn;
          }
    }
```

> **提示**：checkNull()函数的功能是判断控件内容（value）是否为空。当id为"source"的控件内容为空时,用length属性判断是否存在id为"add"的控件。如果存在,则用html()函数将控件内容设置为红色字体显示的"tag"("tag"是通过参数传进来的)不能为空；如果控件不存在,则使用after()函数在id为"source"控件之后添加id为"add"的控件,并显示相同内容。然后让为空的控件通过focus()函数获得焦点,方便用户修改。因为判断控件内容是否为空非常常用,因此编写一个函数来处理。只需要传入适当的函数,就可以处理控件内容是否为空的判断。

3. 用记事本或者 Dreamweaver 等工具打开本书提供的本项目任务 2 下的 1-3.html。在 `<script type="text/javascript" src="js/jquery-1.11.2.min.js" ></script>` 之后添加如下代码:

`<script type="text/javascript">  </script>`

4. 在 `<script type="text/javascript">  </script>` 标签中添加如下代码,校验密码的正确性:

```
$("#reg").click(function () {
if(!checkNull("username","uname","用户名")&&!checkNull("pwd","mm","密
```

码")&&!checkNull("tel","phone","电话"))
          {
              alert("登录成功！");
              $("#f1").submit();
          }
      });

5. 当单击"注册"按钮事件发生时，调用匿名函数，在匿名函数中利用 checkNull() 函数来校验 Username、Password 和电话号码文本框中的内容是否为空。如果为空，则会有相应的错误提示，如图 1-10 ~ 图 1-12 所示。

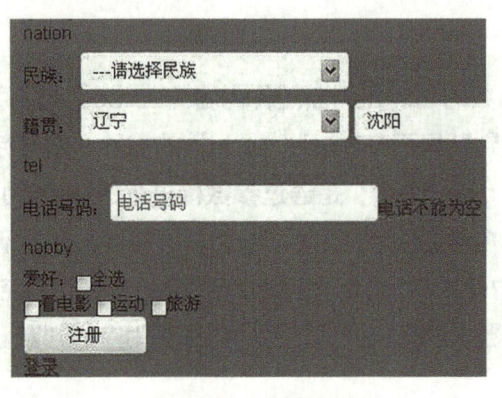

▬ 图 1-10

▬ 图 1-11

▬ 图 1-12

6. 继续在 my.js 文件中添加函数 check() 和 checkRule()，代码如下。check() 函数类似于校验控件内容是否为空的函数，只是不在函数内部校验，只负责返回错误提示，功能不再赘述。checkRule() 函数通过正则表达式来校验电话号码格式是否正确。

```
function check(source,add,tag)
{
```

项目 1 —— 认识 jQuery

```
            var cn=false;
            if($("#"+add).length<=0)
                {
                    $("#"+source).after("<span style='color:red'
                        id="+add+">"+tag+"</span>");
                        cn=true;
                }
            else
                        $("#"+add).html("<span style='color:red'
id="+add+">"+tag+"</span>");
                $("#"+source).focus();
            return;
    }
    function checkRule(source,add,rule)
            {
            var tt=rule.test($("#"+source).val());
                if(!tt)
                    {check(source,add,"电话号码格式不正确！")
                    return false;
                    }
                    else return ture;}
```

7. 回到网页，在"注册"按钮的单击事件 $("#reg").click() 中继续修改代码，修改代码如下：

```
        $("#reg").click(function () {
                if(!checkNull("username","uname","用户名")&&!checkNull("pwd","mm","密码")&&!checkNull("tel","phone","电话"))
                { if($("#pwd").val()!=$("#qpwd").val())
                check("qpwd","qmm","密码与确认密码不一致！");
                else if(checkRule("tel","phone",/^[1][3,4,5,7,8][0-9]{9}$/))
                        {
                            alert("登录成功！");
                            $("#f1").submit();
```

— 11 —

```
                    }
}else return;})        });
```

8. 如果密码与确认密码不一致或者电话号码格式不正确，则会弹出错误信息，如图 1-13、图 1-14 所示。当输入信息没有错误时，页面会弹出对话框，显示"登录成功！"，并跳转页面，如图 1-15 所示。

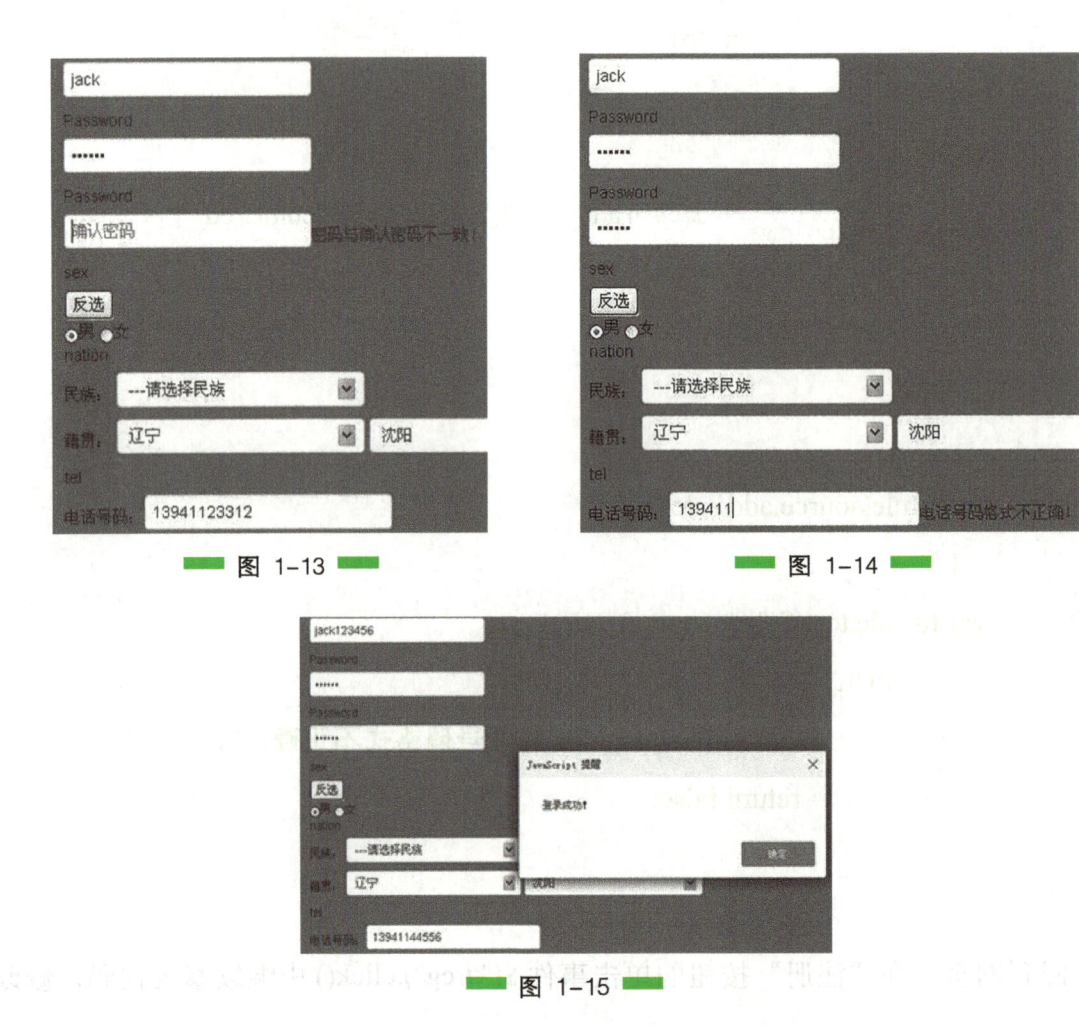

图 1-13

图 1-14

图 1-15

9. 单选按钮和复选框是比较常见的表单元素，通过单击事件改变其属性在实际项目中有很多应用。在页面 ready() 函数中添加如下代码，实现性别的反选和爱好的多选效果。

```
$("#sex").click(function a(){
if($('input[name="sex"][value=m]').prop('checked'))
    $('input:radio[value=f]').prop('checked','checked');
        else
            $('input:radio[value=m]').prop('checked','checked');
    })
$("input:checkbox[id=hobby]").click(function a(){
```

项目1 —— 认识jQuery

```
if($("input:checkbox[id=hobby]").prop('checked')==true)
    $('input:checkbox').prop('checked',true);
else
    $('input:checkbox').prop('checked',false);
})
```

> 提示：单选按钮通过"checked=checked"属性控制被选中状态。因此通过jQuery选择器"input[name="sex"][value=m]"判断"name"是"sex"、"value"是"m"的单选按钮（男）是否选中。如果选中，则利用prop()函数给"input[name="sex"][value=f]"（女）的单选按钮添加属性"checked=checked，"就达到了反选效果，反之亦然，效果如图1-16所示。
>
> 复选框的"checked"属性值为"true"时表示选中，为"false"时为没选中（默认为"false"）。当单击id为"hobby"的复选框时，使所有checkbox控件的属性与"hobby"一致，就达到了全选效果，效果如图1-17所示。

图 1-16

图 1-17

10. 失去焦点事件。在验证注册表单时，经常是当用户设置完一个控件离开时就会出现错误提示而不是提交表单，这时的事件称为失去焦点（blur()）事件。

给密码框和确认密码框添加 blur() 事件，代码如下：

```
$("#pwd").blur(function () {
    var pwd=$("#pwd").val();
    if(pwd.length<6)
        check("pwd","mm","密码不能少于6位");
    else
        $("#mm").html("");
})
$("#qpwd").blur(function () {
    var pwd=$("#pwd").val();
    var qpwd=$("#qpwd").val();
```

```
        if(pwd!=qpwd)
          check("qpwd","qmm","密码与确认密码不一致！");
          else
            $("#qmm").html("");
    })
```

> 提示：当用户输入完密码离开时，利用val()函数返回控件的"value"值。通过返回值的length属性可以得到用户输入密码的长度，当密码小于6位时出现错误提示，如图1-18所示。
> 类似的，当用户输入完确认密码离开时，会检验密码与确认密码是否一致，如图1-19所示。

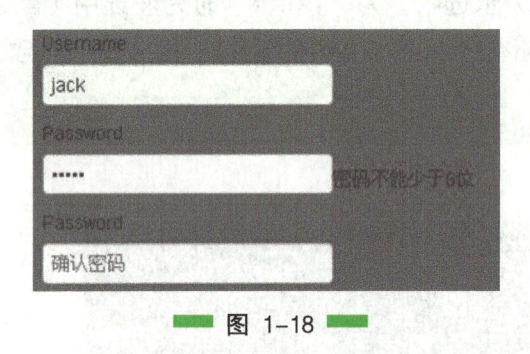

图 1-18

图 1-19

11. 控件状态改变事件。选择下拉列表的不同选项时会触发change()事件。改变籍贯的二级列表事件代码如下：

```
var datas = {
            "辽宁": ["沈阳","大连","盘锦","丹东"],//以这些城市为例
            "山东": ["青岛","济南","烟台"],
            "陕西": ["西安","咸阳","宝鸡","延安"],
            "河北": ["石家庄","张家口","保定"],
            "河南": ["驻马店","开封","郑州","洛阳"],};
    $.each(datas, function(key,el) {
        $("#province").html($("#province").html()+"<option value="+key+">"+key+ "</option>")//也可以用append
        });
        $.each(datas[$("#province").val()],function(key,ell){
            $("#city").html($("#city").html()+"<option value="+ell+">"+ell+"</option>")
        })
```

项目1 —— 认识jQuery

```
$("#province").change(function(){
    $("#city").empty();
    $.each(datas[$(this).val()],function(key,ell){
        $("#city").html($("#city").html()+"<option value="+ell+">"+ ell+"</option>")
    });
})
```

> 提示：首先定义一个存放对应省市的二维对象数组datas[]。然后利用each()函数将省市信息装入省（province）下拉列表中。在each()函数中，参数key是所要遍历数组的键，参数ell是对应的值。最后利用each()函数将当前选定的省所对应的市装入城市（city）下拉列表中，保证初始的时候数据正确，如图1-20所示。
>
> 编写省下拉列表的change()事件，当用户选择省份后，遍历选中省份对应的城市数组，将城市信息装入城市下拉列表中，如图1-21所示。

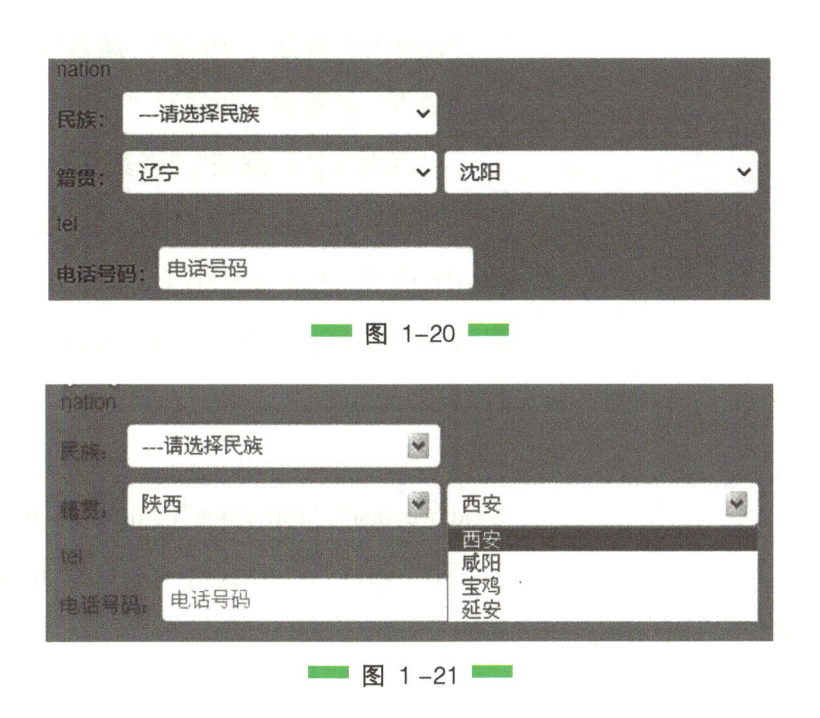

图 1-20

图 1-21

12. 通过给表单添加单击、获得焦点、失去焦点和改变状态事件响应代码，完成对注册页面的验证，达到了检验表单控件的目的。注册页面完整jQuery代码如下：

```
<script type="text/javascript">
    $(function(){
        $("#sex").click(function a(){
            if($('input[name="sex"][value=m]').prop('checked'))
```

```javascript
    $('input:radio[value=f]').prop('checked','checked');
else
    $('input:radio[value=m]').prop('checked','checked');
})
$("input:checkbox[id=hobby]").click(function a(){
if($("input:checkbox[id=hobby]").prop('checked')==true)//prop适合checkbox
    $('input:checkbox').prop('checked',true);
else
    $('input:checkbox').prop('checked',false);
})
var datas = {
    "辽宁": ["沈阳","大连","盘锦","丹东"],//以这些城市为例
    "山东": ["青岛","济南","烟台"],
    "陕西": ["西安","咸阳","宝鸡","延安"],
    "河北": ["石家庄","张家口","保定"],
    "河南": ["驻马店","开封","郑州","洛阳"],};
$.each(datas, function(key,el) {
    $("#province").html($("#province").html()+" <option value="+key+">"+key+"</option>")//也可以用append
});
$.each(datas[$("#province").val()],function(key,ell){
    $("#city").html($("#city").html()+"<option value="+ell+">"+ell+"</option>")
})
$("#province").change(function(){
    $("#city").empty();
    $.each(datas[$(this).val()],function(key,ell){
        $("#city").html($("#city").html()+"<option value="+ell+">"+ell+"</option>")
    });
```

项目 1 —— 认识 jQuery

```javascript
        })
            $("#pwd").blur(function () {
        var pwd=$("#pwd").val();
if(pwd.length<6)
        check("pwd","mm","密码不能少于6位");
else
        $("#mm").html("");
            })
        $("#qpwd").blur(function () {
        var pwd=$("#pwd").val();
         var qpwd=$("#qpwd").val();
        if(pwd!=qpwd)
    check("qpwd","qmm","密码与确认密码不一致！");
     else
        $("#qmm").html("");
    })


    $("#reg").click(function () {
                if(!checkNull("username","uname","用户名")&&!checkNull("pwd","mm","密码")&&!checkNull("tel","phone","电话"))
            {
                    if($("#pwd").val()!=$("#qpwd").val())
            check("qpwd","qmm","密码与确认密码不一致！");
                else
if(checkRule("tel","phone",/^[1][3,4,5,7,8][0-9]{9}$/))
            {
                    alert("登录成功！");
                    $("#f1").submit();
                }
            }
            else return;
```

```
                                                             })
                    });
             </script>
```

任务拓展

仿照上述任务，为登录页面添加事件响应。要求：①单击"登录"按钮时，首先检验用户名和密码是否为空，如果为空，则在文本框后面添加文字提示，如果不为空再提交表单。②当用户名文本框失去焦点事件发生时，检验用户名内容是否在 {"jack","tom","lucy"} 对象数组中，如果在数组中，则在用户名文本框后提示"该用户已经登录"。

知识补充

- DOM：DOM（Document Object Model，文档对象模型）实际上是以面向对象方式描述的文档模型。DOM 定义了表示和修改文档所需的对象、这些对象的行为和属性以及这些对象之间的关系。可以把 DOM 看作页面上数据和结构的一个树形表示，不过页面可能并不以这种树的方式具体实现。要改变页面的某个东西，JavasCript 就需要获得对 HTML 文档中所有元素进行访问的入口。这个入口，连同对 HTML 元素进行添加、移动、改变或移除的方法和属性，都是通过文档对象模型（DOM）来获得的。

- jQuery：jQuery 是一个兼容多浏览器的 JavaScript 库。它通过封装原生的 JavaScript 函数得到一整套定义好的方法。它的作者是 John Resig，是 2006 年创建的一个开源项目。随着越来越多开发者的加入，jQuery 已经集成了 JavaScript、CSS、DOM 和 Ajax 等的强大功能。它可以用最少的代码完成更多复杂而困难的功能，从而得到了开发者的青睐。

- jQuery 选择器：用来选择 HTML 中的元素，常用的方法是通过 HTML 标签名称、id 属性和 class 属性等来选择网页中的元素。

- JavaScript 库：jQuery 函数库是方便人们进行 Web 前端开发的一种函数库。目前除了 jQuery 外，还有 5 个库较为流行，分别是 YUI、Prototype、Dojo、Mootools 和 ExtJS。YUI 是雅虎公司开发的一套完备的、扩展性良好的富交互网页工具集。Prototype 是最早的 JavaScript 库之一，对 JavaScript 内置对象做了大量的扩展。Dojo 的强大之处在于提供了其他库没有的功能，包括离线存储、图标组件等。Mootools 是轻量、简洁、模块化和面向对象的 JavaScript 框架。ExtJS，简称 Ext，原本是对 YUI 的一个扩展，主要创建前端用户界面。

项目 1 —— 认识 jQuery

项目小结

通过本项目的学习，读者应对 jQuery 及其使用方法有了大致的了解，为以后项目的学习奠定了语法基础。通过项目实践，读者应对 jQuery 各种选择器的使用方法熟练掌握，并通过选择器操作 CSS 和进行简单的事件处理。

除此之外，读者还应了解 jQuery 函数库的加载方法。

项目 2 —— 认识 jQuery Mobile

项目概述

本项目旨在让读者熟悉移动开发框架——jQuery Mobile，具体包含 3 个任务：下载及安装 Opera Mobile Emulator 移动设备模拟器、加载 jQuery Mobile 函数库、第一个 jQuery Mobile 页面。通过本项目的学习，读者可以了解如何利用 jQuery Mobile 来制作移动端网页。

项目分析

本项目比较简单，主要是搭建 jQuery Mobile 开发和运行环境。其中 Opera Mobile Emulator 移动设备模拟器用来模拟移动端网页运行效果，jquery.mobile-1.4.5.min.css 提供了 jQuery Mobile 需要使用的样式表，jquery.mobile-1.4.5.min.js 提供了 jQuery Mobile 开发所需的 jQuery 类库。要想使开发的网页能够正常运行，必须加载 jQuery 类库和以上两个文件。加载方式在任务 2 中有具体介绍。

任务1　下载及安装Opera Mobile Emulator移动设备模拟器

任务分析

使用 PC 制作网站，浏览网页效果比较麻烦，利用 Opera Mobile Emulator 移动设备模拟器模拟手机端操作效果，将能节省调试时间。另外，如果需要浏览 jQuery Mobile 页面在不同屏幕尺寸的效果，也可使用 Opera Mobile Emulator 移动设备模拟器。这款模拟器提供了多种移动端尺寸，使用起来十分方便。

任务实施

1. 在 Opera 官网下载 Opera Mobile Emulator 移动设备模拟器。

项目 2 —— 认识 jQuery Mobile

2. 双击安装程序，按提示安装模拟器，安装完成后双击桌面快捷方式打开模拟器，弹出"选择语言"对话框，在下拉列表中选择"简体中文"选项，单击"确定"按钮，如图 2-1 所示。此时将显示基本属性设置界面，可以选择需要的模拟移动设备，如图 2-2 所示。

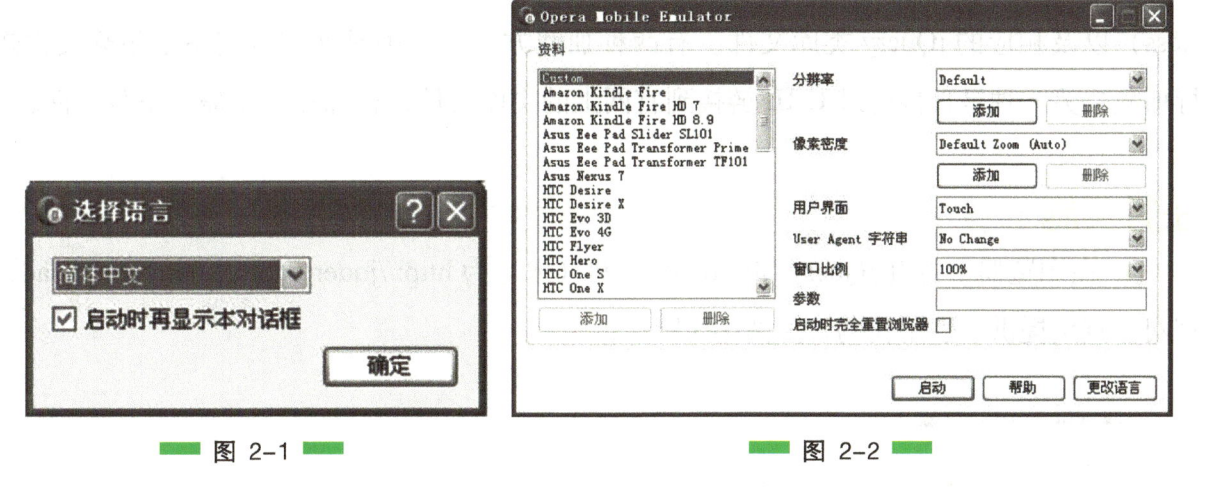

图 2-1　　　　　　　　　　　　　　图 2-2

3. 从"资料"列表框中选择 Samsung Galaxy S 选项，单击"启动"按钮，如图 2-3 所示，就会弹出手机模拟窗口，如图 2-4 所示。至此模拟器安装成功。

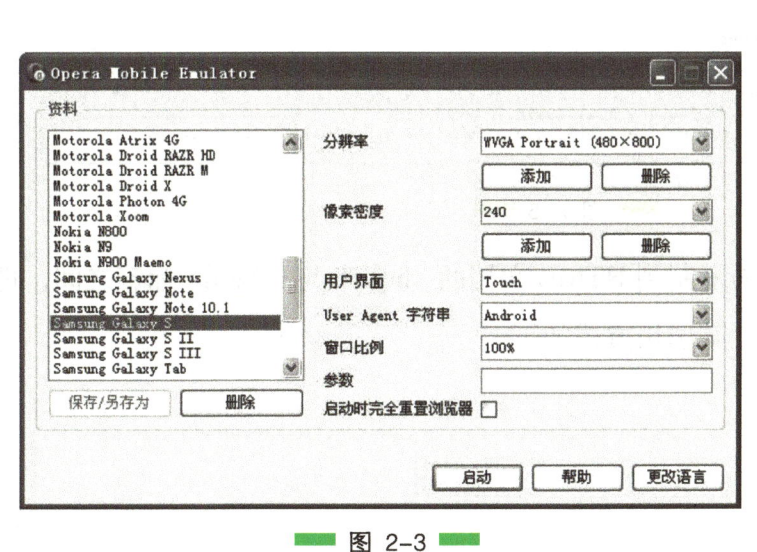

图 2-3　　　　　　　　　　　　　　图 2-4

任务拓展

在模拟器中切换不同设备，观察效果。

任务2 加载jQuery Mobile函数库

任务分析

开发 jQuery Mobile 页面必须要加载 jQuery Mobile 的类库（.js）、CSS 样式表文件（.css）以及相应的 jQuery 类库文件。有两种加载方式，一种是在官方网站上下载文件进行加载，另一种是直接通过 URL 链接到官网上的类库文件进行加载，不需要下载文件。

任务实施

1. 在浏览器中打开 jQuery Mobile 的官网（地址为 http://jquerymobile.com/download），官网上直接提供了引用代码，如图 2-5 所示。

```
jQuery CDN provided by MaxCDN
JavaScript:
    • Uncompressed: jquery.mobile-1.4.5.js (useful for debugging)
    • Minified and Gzipped: jquery.mobile-1.4.5.min.js (full library, ready to deploy)
CSS:
    • Uncompressed with Default theme: jquery.mobile-1.4.5.css (useful for debugging)
    • Minified and Gzipped with Default theme: jquery.mobile-1.4.5.min.css (full library, ready to deploy)
    • Uncompressed structure without a theme: jquery.mobile-1.4.5.css (useful for theme development)
    • Minified and Gzipped structure without a theme: jquery.mobile-1.4.5.min.css (to be used with custom theme and icon CSS, ready to deploy)
Copy-and-Paste snippet for jQuery CDN hosted files:

1  <link rel="stylesheet" href="http://code.jquery.com/mobile/1.4.5/jquery.mobile-1.4.5.min.css" />
2  <script src="http://code.jquery.com/jquery-1.11.1.min.js"></script>
3  <script src="http://code.jquery.com/mobile/1.4.5/jquery.mobile-1.4.5.min.js"></script>
```

图 2-5

2. 将图 2-5 中方框中的代码复制到 HTML 文档的 \<head\> 与 \</head\> 标签之间，即可使用 jQuery Mobile 的相关函数，其引用方式如下。

```
<head>
<meta charset="utf-8">
<title>首页</title>
<link rel="stylesheet" href="http://code.jquery.com/mobile/1.4.5/jquery. mobile-1.4.5.min.css" />
<script src="http://code.jquery.com/jquery-1.11.1.min.js"></script>
<script src="http://code.jquery.com/mobile/1.4.5/jquery. mobile-1.4.5.min.js"></script>
</head>
```

项目 2 —— 认识 jQuery Mobile

提示：制作页面时必须保证网络畅通，才能使用URL链接的方法。

任务拓展

下载 jQuery Mobile 的函数库（.js）、CSS 样式表文件（.css）以及相应的 jQuery 函数库文件，并在网页中引用。

任务3 第一个jQuery Mobile页面

任务分析

HTML5 中新增了 data-role 属性，可以利用该属性设置 DIV，每一个设置了 data-role 属性的 <div> 标签就是一个容器，可以在该容器中放置其他页面元素。如果设置为 page，则该元素就成为一个页面容器，即页面中的模块区域。在一个 jQuery Mobile 页面中，可以设置多个元素成为容器，虽然 data-role 属性值都是 page，但是对应的 id 不能相同。

jQuery Mobile 页面中可以使用 <a> 标签设置内部链接和外部链接，并通过添加和调整 data-transition 属性实现页面跳转时的动画效果。

任务实施

1. 新建一个 HTML 页面，将文件保存为 2-3.html，转换到代码视图，可以看到 HTML5 文档代码，代码如下：

```
<!doctype html>
<html>
<head>
<meta charset="utf-8"/>
</head>
<body>
</body>
</html>
```

2. 在 <head></head> 之间添加 meta 标签，设置页面效果并依次加载 jQuery Mobile 样式表、jQuery 类库和 jQuery Mobile 类库。其中，加载方式有两种，代码如下。

第一种：通过网络引用。

```
<head>
<meta charset="utf-8"/>
```

```
<title>第一个jQuery Mobile页面</title>
<meta name = "viewport" content="width=device-width,initial-scale=1">
<link rel = "stylesheet" href= "http://code.jquery.com/mobile/1.4.5/jquery.mobile-1.4.5.min.css">
<script src="http://code.jquery.com/jquery-1.11.1.min.js"></script>
<script src="http://code.jquery.com/mobile/1.4.5/jquery.mobile-1.4.5.min.js"> </script>
</head>
```

第二种：下载到本地引用。

```
<head>
<meta charset="utf-8"/>
<title>第一个jQuery Mobile页面</title>
<meta name = "viewport" content="width=device-width,initial-scale=1">
<link rel = "stylesheet" href= "style/jquery.mobile-1.4.5.min.css">
<script src="js/jquery-1.11.1.min.js"></script>
<script src="js/jquery.mobile-1.4.5.min.js"> </script>
</head>
```

> 提示：在<meta>标签中添加content属性，设置页面的宽度与模拟器宽度一致，保证网页全屏显示。

3. 在 <body> 与 </body> 标签之间编写 jQuery Mobile 页面的正文，代码如下：

```
<body>
<!--第一个页面开始 -->
<div id="p1" data-role="page">
<div data-role="header">
<h1>页面标题</h1>
</div>
<div data-role="content">
第一个jQuery Mobile页面正文
</div>
<div data-role="footer">
第一个jQuery Mobile页面页脚
```

项目2 —— 认识jQuery Mobile

```
</div>
</div>
<!--第一个页面结束 --></body>
```

> 提示：data-role是HTML5中新增的属性。设置该属性，可以确定元素的身份，页面可以快速定位到指定的元素，并对内容进行相应处理。

4. 保存页面，打开Opera Mobile模拟器，将制作的文件拖动到模拟器中，即可看到页面效果，如图2-6所示。

图 2-6

5. 将已有页面的正文内容部分代码修改如下，加入内链接：

```
<div data-role="content">
<p>第一个jQuery Mobile页面正文</p>
<p><a href="#p2">第2页</a></p>
</div>
```

> 提示：通过<a href="#p2">第2页</a>这段代码，将内链接添加到id为p2的页面区域。在jQuery Mobile页面中，一个页面有多个page区域，在page区域之间的跳转称为内链接。<a>标签中href属性标识为#加上page区域的id。

6. 在 <body> 与 </body> 标签之间继续编写以下代码：

```
<!--第二个页面开始 -->
<div id="p2" data-role="page">
<div data-role="header">
<h1>页面标题</h1>
</div>
<div data-role="content">
<p>第二个jQuery Mobile页面正文</p>
<p><a href="#p1">返回第1页</a></p>
</div>
<div data-role="footer">
第二个jQuery Mobile页面页脚
</div>
</div>
<!--第二个页面结束 -->
```

7. 保存页面，在模拟器中预览该页面。单击"第 2 页"链接文字，将跳转到 p2，在第二个页面中单击"返回第 1 页"，返回第一页。效果如图 2-7、图 2-8 所示。

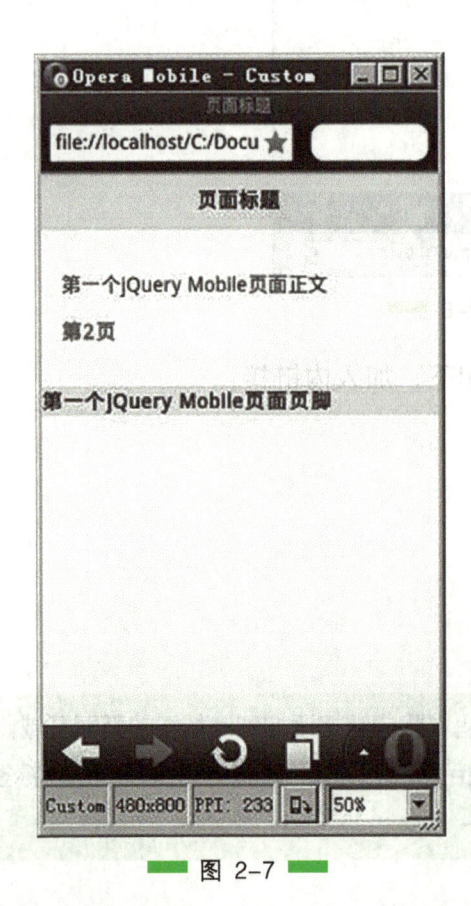

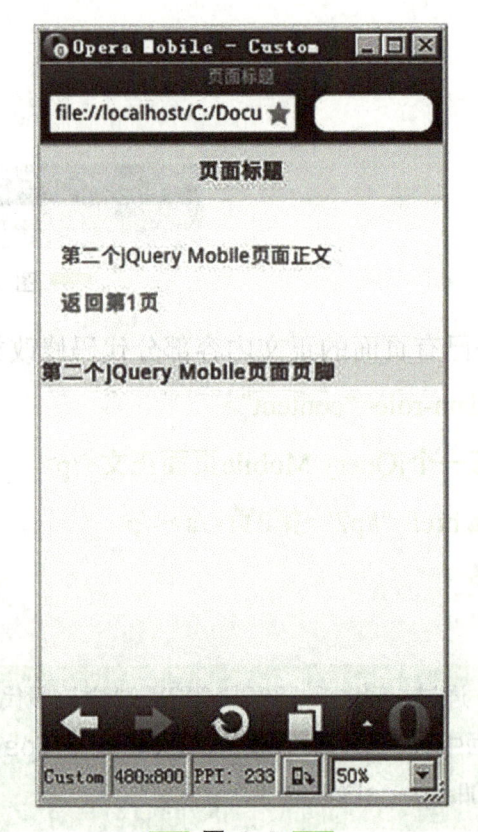

图 2-7　　　　　　图 2-8

项目 2 —— 认识 jQuery Mobile

8. 完成页面制作，完整代码如下：

```
<!doctype html>
<html>
<head>
<meta charset="utf-8"/>
<title>第一个jQuery Mobile页面</title>
<meta name="viewport" content="width=device-width,initial-scale=1">
<link rel="stylesheet" href="http://code.jquery.com/mobile/1.4.5/jquery.mobile-1.4.5.min.css s/>
<script src="http://code.jquery.com/jquery-1.11.1.min.js"></script>
<script src="http://code.jquery.com/mobile/1.4.5/jquery.mobile-1.4.5.min.js"></script>
</head>
<body>
<!--第一个页面开始 -->
<div id="p1" data-role="page">
<div data-role="header">
<h1>页面标题</h1>
</div>
<div data-role="content">
<p>第一个jQuery Mobile页面正文</p>
<p><a href="#p2">第2页</a></p>
</div>
<div data-role="footer">
第一个jQuery Mobile页面页脚
</div>
</div>
<!--第一个页面结束 -->

<!--第二个页面开始 -->
<div id="p2" data-role="page">
```

```
<div data-role="header">
<h1>页面标题</h1>
</div>
<div data-role="content">
<p>第二个jQuery Mobile页面正文</p>
<p><a href="#p1">返回第1页</a></p>
</div>
<div data-role="footer">
第二个jQuery Mobile页面页脚
</div>
</div>
<!--第二个页面结束 -->
</body>
</html>
```

> 提示：页面跳转时，跳转前的页面自动隐藏，链接的区域或页面自动展示在当前页面中。如果是内链接，则当前屏幕只显示指定id的页面区域，其他区域都会被隐藏。

任务拓展

1. 外链接。在页面中除了可以创建内链接外，还可以创建外链接。外链接是指跳转到另外的 jQuery Mobile 页面中。其实现方法与内链接相似，只需在 <a> 标签中添加 rel 属性，设置其值为 external 即可。如 <a href="x.html" rel="external"> 外链接 </a>。请将任务 3 中的两个由内链接控制的页面改成由外链接控制的页面。

2. 页面跳转过渡效果。在页面跳转时可以添加动画过渡效果，只需在 <a> 标签中添加 data-transition 属性设置即可，如 <a href="x.html" rel="external" data-transition="slide"> 外链接 </a>。请为任务 3 中第一个页面的链接添加"渐变退色"的动画效果，为第二个页面的链接添加"弹出"的动画效果。data-transition 属性值说明如表 2-1 所示。

表 2-1　data-transition 属性值说明

属性值	说明
slide	默认属性，表示从右至左的滑动效果
pop	表示以弹出的效果打开链接页面

项目 2 —— 认识 jQuery Mobile

(续)

属性值	说明
slideup	表示向上滑动的动画效果
slidedown	表示向下滑动的动画效果
fade	表示渐变褪色的动画效果
flip	表示当前页面飞出、链接页面飞入的动画效果

知识补充

- 移动互联网：是指互联网的技术、平台、商业模式和应用与移动通信技术结合并实践的活动的总称。

- 移动网站开发：使用基于 HTML5、CSS3 和 JavaScript 的移动应用程序是当今主流的移动网站开发方式。可以使用 Dreamweaver CS6 以上版本辅助开发。

- jQuery Mobile：jQuery Mobile 是一个经过触控优化的框架，用于创建移动 Web 应用程序。它基于 HTML5，是适用于所有移动设备和桌面设备的网站前端开发框架。

- 移动网站与移动设备：移动设备的屏幕尺寸比桌面设备要小得多，因此在开发移动网站的过程中要考虑屏幕尺寸和分辨率。

- 测试移动网站：应该在尽可能多的移动设备上测试网站效果。为了方便测试，可使用 Opera Mobile Emulator 等移动设备模拟器进行实时测试。

项目小结

通过本项目的开发，读者学习了移动网站相关技术、jQuery Mobile 的运行机制，并能利用移动网站开发工具 jQuery Mobile 设置内链接、外链接及过渡效果。

另外还学习了如何下载及安装 Opera Mobile Emulator，并完成简单的设置。

项目 3 —— jQuery Mobile 页面制作

项目概述

本项目主要是为了让读者理解 jQuery Mobile 页面制作的相关操作,具体包含 11 个任务:设计页面、页面跳转、返回操作、弹出对话框、页面缓存、使用命名锚记、添加按钮、制作导航栏、制作尾部栏、页面布局、可折叠区块使用。通过本项目的学习,读者可以掌握如何制作 jQuery Mobile 页面。

项目分析

本项目通过项目任务的形式将制作 jQuery Mobile 页面时需要使用的操作分为 11 个任务中,基本操作包括在页面上添加跳转、返回操作、弹出对话框等,还通过添加导航栏、尾部栏、可折叠区块等丰富页面的布局。

任务1 设计页面

任务分析

jQuery Mobile 的许多功能效果都基于 HTML5 的新增标签和属性,页面必须符合 HTML5 的文档规范。

在 jQuery Mobile 中,网页和页面是两个不同的概念,网页表示一个 HTML 文档,而页面则表示在移动设备中的一个视图。页面结构有两种类型:单页结构和多页结构。

jQuery Mobile 页面拥有一个基本的结构模型。在 HTML 中通过在 <div> 标签中添加 data-role 属性,设置该属性的值为 page,形成一个视图。一个视图包含 3 个基本结构,分别在 <div> 标签中设置 data-role 的属性值为 header、content 和 footer,用来定义标题、内容和页脚 3 个页面组成部分。

项目 3 —— jQuery Mobile 页面制作

本任务设计一个多页结构的 HTML 文档。

任务实施

1. 新建一个 HTML5 页面，将该文档保存为 3-1.html。在 <head></head> 标签中间添加 <meta> 标签，加载 jQuery Mobile 函数库代码。

```
<meta charset="utf-8">
<title>设计页面</title>
<meta name="viewport" content="width=device-width,initial-scale=1">
<link rel="stylesheet" href="http://code.jquery.com/mobile/1.4.5/jquery.mobile-1.4.5.min.css" />
<script src="http://code.jquery.com/jquery-1.11.1.min.js"></script><script src="http://code.jquery.com/mobile/1.4.5/jquery.mobile-1.4.5.min.js">
</script>
```

2. 在 <body> 与 </body> 标签之间编写如下页面文件代码：

```
<div data-role="page" id="home">
    <div data-role="header">
        <h1>标题</h1>
    </div>
    <div data-role="content">
        <p><a href="#n1">第二页</a></p>
    </div>
    <div data-role="footer">
        <h1>页脚</h1>
    </div>
</div>
<div data-role="page" id="n1">
    <div data-role="header">
        <h1>标题</h1>
    </div>
    <div data-role="content">
        <p>内容</p>
    </div>
```

```
            <div data-role="footer">
                <h1>页脚</h1>
            </div>
        </div>
```

3. 保存页面，在 Opera Mobile 模拟器中预览该页面，如图 3-1 所示。单击"第二页"的链接文字，页面跳转到第二页，效果如图 3-2 所示。

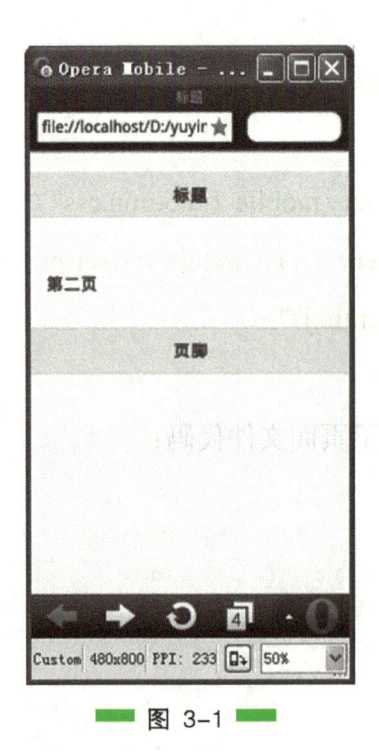

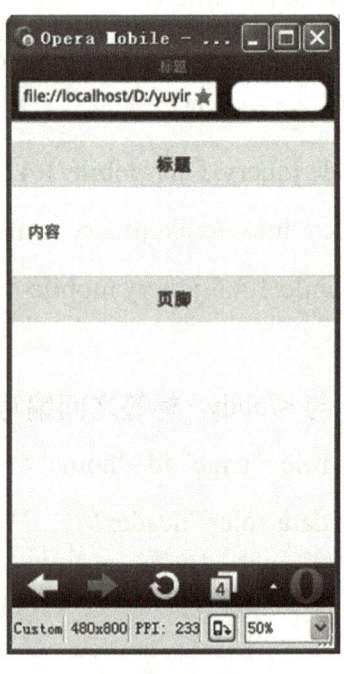

图 3-1   图 3-2

4. 完成页面制作的完整代码如下：

```
<!doctype html>
<html>
<head>
<meta charset="utf-8">
<title>标题</title>
<meta name="viewport"content="width=device-width,initial-scale=1">
<link rel="stylesheet" href="http://code.jquery.com/mobile/1.4.5/jquery.mobile-1.4.5.min.css"/>
<script src="http://code.jquery.com/jquery-1.11.1.min.js"></script>
<script src="http://code.jquery.com/mobile/1.4.5/jquery.mobile-1.4.5.min.js"></script>
</head>
```

项目 3 —— jQuery Mobile 页面制作

```
<body>
<div data-role="page" id="home">
    <div data-role="header">
        <h1>标题</h1>
    </div>
    <div data-role="content">
        <p><a href="#n1">第二页</a></p>
    </div>
    <div data-role="footer">
        <h1>页脚</h1>
    </div>
</div>
<div data-role="page" id="n1">
    <div data-role="header">
        <h1>标题</h1>
    </div>
    <div data-role="content">
    <p>内容</p>
    </div>
    <div data-role="footer">
        <h1>页脚</h1>
    </div>
</div>
</body>
</html>
```

任务2 页面跳转

任务分析

jQuery Mobile 有两种跳转方式，一种是将所有内容放在一个页面中，另一种是多个页面之间相互跳转。在同一个页面内，允许包含一个或多个 data-role 属性值为 page 的容器。每个容器有唯一的 id 名称，容器间各自独立。通过设置超链接 <a> 标签的 href 属性值为"# 容器的 id 名称"实现在同一页面的不同容器之间相互跳转。

当多个页面间相互跳转时，需要使用外链接的方式。虽然在一个页面里可以借助容器的框架来实现多页面的显示，但是这样会使代码冗余，并且不利于功能分工和后期的维护。

任务实施

1. 新建一个 HTML5 页面，将该文档保存为 3-2.html。在 <head></head> 标签中间添加 <meta> 标签，加载 jQuery Mobile 函数库代码，与本项目任务 1 中的相同。

2. 在 <body> 与 </body> 标签之间编写如下页面文件代码：

```
<div id="page1" data-role="page">
    <div data-role="header"><h1>页面跳转</h1></div>
    <div data-role="content">
        <p><a href="index1.html" rel="external" >第二页</a><p>
    </div>
</div>
```

3. 保存页面，在 Opera Mobile 模拟器中预览该页面，如图 3-3 所示。单击"第二页"的链接文字，页面跳转到第二页，效果如图 3-4 所示。

图 3-3   图 3-4

4. 完成页面跳转制作，完整代码如下：

```
<!doctype html>
```

项目 3 —— jQuery Mobile 页面制作

```html
<html>
<head>
<meta charset="utf-8">
<title>页面跳转</title>
<meta name="viewport" content="width=device-width,initial-scale=1">
<link rel="stylesheet" href="http://code.jquery.com/mobile/1.4.5/jquery.mobile-1.4.5.min.css" />
<script src="http://code.jquery.com/jquery-1.11.1.min.js"></script>
<script src="http://code.jquery.com/mobile/1.4.5/jquery.mobile-1.4.5.min.js"></script>
</head>
<body>
<div id="page1" data-role="page">
    <div data-role="header"><h1>页面跳转</h1></div>
    <div data-role="content">
        <p><a href="index1.html" rel="external">第二页</a><p>
    </div>
</div>
</body>
</html>
```

5. 外链接页面 index1.html 的完整代码如下：

```html
<!doctype html>
<html>
<head>
<meta charset="utf-8">
<title>页面跳转</title>
<meta name="viewport" content="width=device-width,initial-scale=1">
<link rel="stylesheet" href="http://code.jquery.com/mobile/1.4.5/jquery.mobile-1.4.5.min.css" />
<script src="http://code.jquery.com/jquery-1.11.1.min.js"></script>
<script src="http://code.jquery.com/mobile/1.4.5/jquery.mobile-1.4.5.min.js"></script>
```

```
        </head>
        <body>
        <div data-role="page" id="page" >
            <div data-role="header">
                <h1>第二页</h1>
            </div>
            <div data-role="content"><img src="images/bg.jpg" width="100%"/></div>
        </div>
        </body>
</html>
```

提示：在 jQuery Mobile 页面中单击一个指向外部页面的超链接，jQuery Mobile 将自动分析该 URL 地址，自动产生一个 AJAX 请求。如果不想采用 AJAX 请求方式打开一个外链接页面，那么可将 <a> 标签的 rel 属性值设置为 external，让该页面脱离 jQuery Mobile 主页环境，以独自打开的页面效果在浏览器中显示。

任务拓展

将跳转到外链接的页面设置为在同一页面内跳转，并比较两者的区别。

任务3 返回操作

任务分析

"返回"按钮在移动网页中经常出现，单击该按钮可实现返回上一页面的功能。jQuery Mobile 有两种返回方法，一种是在页面标签中设置 data-add-back-btn 属性值为 true，另一种是为返回链接对象添加超链接 <a> 标签并设置其 data-rel 属性值为 back。

实现上述两种方法的代码如下。

方法一：

```
<div data-role="header" data-add-back-btn ="true"></div>
```

方法二：

```
<a href="#new1" data-rel="back">返回</a>
```

任务实施

1. 新建一个 HTML5 页面，将该文档保存为 3-3.html。在 <head></head> 标签中间添

项目 3 —— jQuery Mobile 页面制作

加 <meta> 标签，加载 jQuery Mobile 函数库代码，与本项目任务 1 中的相同。

2. 在 <body> 与 </body> 标签之间编写如下页面文件代码。通过页面标签中设置 data-add-back-btn 属性值为 true 来实现页面返回效果。

```
<div id="page1" data-role="page">
    <div data-role="header">
        <h1>返回操作</h1>
    </div>
    <div data-role="content">
        <a href="#page2">第二页</a>
    </div>
</div>
<div id="page2" data-role="page">
    <div data-role="header" data-add-back-btn=true >
        <h1>第二页</h1>
    </div>
</div>
```

3. 保存页面，在 Opera Mobile 模拟器中预览页面，效果如图 3-5 所示。单击"第二页"链接，页面跳转到 id="page2" 的第二页，页眉位置出现返回按钮，即 Back 按钮，效果如图 3-6 所示。单击返回按钮，页面跳转回首页。

图 3-5　　　　　　图 3-6

4. 完成返回页面制作，完整代码如下：

```html
<!doctype html>
<html>
<head>
<meta charset="utf-8">
<title>返回操作</title>
<meta name="viewport" content="width=device-width,initial-scale=1">
<link  rel="stylesheet" href="http://code.jquery.com/mobile/1.4.5/jquery.mobile-1.4.5.min.css" />
<script src="http://code.jquery.com/jquery-1.11.1.min.js"></script>
<script src="http://code.jquery.com/mobile/1.4.5/jquery.mobile-1.4.5.min.js"></script>
</head>
<body>
<div id="page1" data-role="page">
    <div data-role="header">
        <h1>返回操作</h1>
    </div>
    <div data-role="content">
        <a href="#page2">第二页</a>
    </div>
</div>
<div id="page2" data-role="page">
<div data-role="header" data-add-back-btn=true >
    <h1>第二页</h1>
</div>
</div>
</body>
</html>
```

> 提示：在超链接<a>标签中设置返回链接属性时，若设置data-rel属性值为back，表示单击该链接的操作被当作一个后退动作，因此会忽略href属性所设置的URL地址，直接回退到上一个历史记录页面。当使用一些不支持data-rel属性的浏览器时，应该为href属性设置一个正确的URL地址。

任务拓展

尝试使用任务分析中的第二种方法实现页面返回效果,并找出两种方法在展示效果上的区别。

任务4 弹出对话框

任务分析

弹出对话框是在当前视图内打开一个弹出层,使用 data-rel="popup" 类型的链接打开。打开的页面以一个对话框的形式出现。

任务实施

1. 新建一个 HTML5 页面,将该文档保存为 3-4.html。在 <head></head> 标签中间添加 <meta> 标签,加载 jQuery Mobile 函数库代码,与本项目任务 1 中的相同。

2. 在 <body> 与 </body> 标签之间编写如下页面文件代码:

```
<div data-role="page">
    <div data-role="header">
        <h1>弹出对话框</h1>
    </div>
    <div data-role="content">
        <a href="#popupDialog" data-transition="pop" data-rel="popup" data-position-to="window">弹出对话框</a>
        <div id="popupDialog" style="width: 300px;" data-role="popup" data-theme="b" data-overlay-theme="a" data-dismissible="false">
            <div data-role="header" data-theme="a">
                <h1>测试用对话框</h1>
            </div>
            <div class="ui-content" role="main">
                <h3 class="ui-title">提示信息</h3>
                <p>这是一个测试页</p>
                <a class="ui-btn ui-corner-all ui-shadow ui-btn-inline ui-btn-b" href="#" data-rel="back">取消</a>
                <a class="ui-btn ui-corner-all ui-shadow ui-btn-inline ui-btn-b"
```

href="#" data-transition="flow" data-rel="back">返回</a>

    </div>

   </div>

  </div>

</div>

 3. 保存页面，在 Opera Mobile 模拟器中预览页面，效果如图 3-7 所示。单击"弹出对话框"链接，弹出"测试用对话框，"效果如图 3-8 所示。

图 3-7　　　　　　　　　图 3-8

 4. 完成弹出对话框页面的制作，完整代码如下：

<!doctype html>

<html>

<head>

<meta charset="utf-8">

<title>弹出对话框</title>

<meta name="viewport" content="width=device-width,initial-scale=1">

<link rel="stylesheet"
  href="http://code.jquery.com/mobile/1.4.5/jquery.mobile-1.4.5.min.css"
 />

<script src="http://code.jquery.com/jquery-1.11.1.min.js"></script>

```html
<script
    src="http://code.jquery.com/mobile/1.4.5/jquery.mobile-1.4.5.min.js"></
    script>
</head>
<body>
<div data-role="page">
    <div data-role="header">
        <h1>弹出对话框</h1>
    </div>
    <div data-role="content">
        <a href="#popupDialog" data-transition="pop" data-rel="popup" data-position-to="window">弹出对话框</a>
        <div id="popupDialog" style="width: 300px;" data-role="popup" data-theme="b" data-overlay-theme="a" data-dismissible="false">
            <div data-role="header" data-theme="a">
                <h1>测试用对话框</h1>
            </div>
            <div class="ui-content" role="main">
                <h3 class="ui-title">提示信息</h3>
                <p>这是一个测试页</p>
                <a class="ui-btn ui-corner-all ui-shadow ui-btn-inline ui-btn-b" href="#" data-rel="back">取消</a>
                <a class="ui-btn ui-corner-all ui-shadow ui-btn-inline ui-btn-b" href="#" data-transition="flow" data-rel="back">返回</a>
            </div>
        </div>
    </div>
</div>
</body>
</html>
```

提示：data-overlay-theme 属性可为弹窗添加背景颜色。默认情况下覆盖的背景色是透明的。例如，当 data-overlay-theme属性值为"a"时，表示添加浅色的覆盖背景；当data-overlay-theme的属性值为"b"时，表示添加深色的覆盖背景。

任务拓展

尝试设置 data-rel 的属性值为"dialog"，找出将其设置为"popup"时的区别。

任务5 页面缓存

任务分析

jQuery Mobile 通过页面缓存和预加载技术提高移动终端的访问速度。使用页面缓存的方法，可以将访问过的 page 视图都缓存到当前的页面文档中。

实现代码如下：

```html
<div id="page1" data-role="page" data-dom-cache="true">…</div>s
```

任务实施

1. 新建一个 HTML5 页面，将该文档保存为 3-5.html。在 <head></head> 标签中间添加 <meta> 标签，加载 jQuery Mobile 函数库代码，与本项目任务 1 中的相同。

2. 在 <body> 与 </body> 标签之间编写如下页面文件代码：

```html
<div id="page1" data-role="page" data-dom-cache="true">
    <div data-role="header"><h1>页面缓存</h1></div>
    <div data-role="content">
        <p><a href="page2.html" rel="external">第二页</a><p>
        <p><a href="page2.html" rel="external">第三页</a><p>
    </div>
</div>
```

3. 保存页面，在 Opera Mobile 模拟器中预览页面，效果如图 3-9 所示。设置 data-dom-cache 的值为 true，将 page2 和 page3 缓存到页面中。单击"第二页"链接，效果如图 3-10 所示。

项目 3 —— jQuery Mobile 页面制作

图 3-9

图 3-10

4. 完成缓存页面制作，完整代码如下：

<!doctype html>

<html>

<head>

<meta charset="utf-8">

<title>页面缓存</title>

<meta name="viewport" content="width=device-width,initial-scale=1">

<link rel="stylesheet"

  href="http://code.jquery.com/mobile/1.4.5/jquery.mobile-1.4.5.min.css"

  />

<script src="http://code.jquery.com/jquery-1.11.1.min.js"></script>

<script

  src="http://code.jquery.com/mobile/1.4.5/jquery.mobile-1.4.5.min.js"></script>

</head>

<body>

<div id="page1" data-role="page" data-dom-cache="true">

  <div data-role="header"><h1>页面缓存</h1></div>

```html
        <div data-role="content">
            <p><a href="page2.html" rel="external">第二页</a><p>
            <p><a href="page2.html" rel="external">第三页</a><p>
        </div>
    </div>
</body>
</html>
```

5. page2.html 代码如下：

```html
<!doctype html>
<html>
<head>
<meta charset="utf-8">
<title>第二页</title>
<meta name="viewport" content="width=device-width,initial-scale=1">
<link rel="stylesheet" href="http://code.jquery.com/mobile/1.4.5/jquery.mobile-1.4.5.min.css" />
<script src="http://code.jquery.com/jquery-1.11.1.min.js"></script>
<script src="http://code.jquery.com/mobile/1.4.5/jquery.mobile-1.4.5.min.js"></script>
</head>

<body>
<div data-role="page" id="page" >
    <div data-role="header">
        <h1>第二页</h1>
    </div>
    <div data-role="content"><img src="images/1.jpg" width="100%"/></div>
</div>
</body>
</html>
```

6. page3.html 代码如下：

```html
<!doctype html>
```

```html
<html>
<head>
<meta charset="utf-8">
<title>第三页</title>
<meta name="viewport" content="width=device-width,initial-scale=1">
<link rel="stylesheet" href="http://code.jquery.com/mobile/1.4.5/jquery.mobile-1.4.5.min.css" />
<script src="http://code.jquery.com/jquery-1.11.1.min.js"></script>
<script src="http://code.jquery.com/mobile/1.4.5/jquery.mobile-1.4.5.min.js"></script>
</head>

<body>
<div data-role="page" id="page" >
    <div data-role="header">
        <h1>第三页</h1>
    </div>
    <div data-role="content"><img src="images/2.jpg" width="100%"/></div>
</div>
</body>
</html>
```

任务拓展

　　一般来说，移动终端的配置都比较低，为了提高页面在移动终端浏览器中的加载速度，可以对需要链接的页面进行预加载。当一个链接被设置为预加载模式后，在当前页面加载完成之后，目标页面也被自动加载到当前文档中，从而提高了页面访问速度。预加载的过程会增加 HTTP 的访问请求压力，因此不要把所有的外链接都设置为预加载模式。

任务6 使用命名锚记

任务分析

命名锚记可以用来标记页面中的位置。使用命名锚记时，首先需要创建命名锚记，然后链接命名锚记。

定义命名锚记的代码如下：

`<a name="anchor" >`命名锚记`</a>`

定位到命名锚记的代码如下：

`<a href="#anchosr" >`定位到命名锚记`</a>`

任务实施

1. 新建一个 HTML5 页面，将该文档保存为 3-6.html。在 `<head></head>` 标签中间添加 `<meta>` 标签，加载 jQuery Mobile 函数库代码，与本项目任务 1 中的相同。

2. 在 `<head></head>` 标签中间添加相应的 JavaScript 脚本代码：

```
<script>
$(function(){
    $('a.scroll').bind('click vclick', function(ev){
        var target = $($(this).attr('href')).get(0).offsetTop;
        $.mobile.silentScroll(target);
        return false;
    });
})
</script>
```

3. 在 `<body>` 与 `</body>` 标签之间编写如下页面文件代码：

```
<div data-role="page" id="page1">
    <div data-role="header">
        <h1>命名锚记</h1>
    </div>
    <div data-role="content">
        <a class="scroll" href="#anchor" data-role="button">跳转到锚记位置</a>
        <div style="height:1000px;"></div>
```

项目 3 —— jQuery Mobile 页面制作

```
<a id="anchor" data-role="button">命名锚记位置</a>
    </div>
</div>
```

4. 保存页面，在 Opera Mobile 模拟器中预览页面，部分效果如图 3-11 所示。单击"跳转到锚记位置"按钮，效果如图 3-12 所示。

图 3-11

图 3-12

5. 完成使用命名锚记进行页面制作，完整代码如下：

```
<!doctype html>
<html>
<head>
<meta charset="utf-8">
<title>使用锚记</title>
<meta name="viewport" content="width=device-width,initial-scale=1">
<link rel="stylesheet" href="http://code.jquery.com/mobile/1.4.5/jquery.mobile-1.4.5.min.css" />
<script src="http://code.jquery.com/jquery-1.11.1.min.js"></script>
```

— 47 —

```html
<script src="http://code.jquery.com/mobile/1.4.5/jquery.mobile-1.4.5.min.js"></script>
<script>
$(function(){
    $('a.scroll').bind('click vclick', function(ev){
        var target = $($(this).attr('href')).get(0).offsetTop;
        $.mobile.silentScroll(target);
        return false;
    })
})
</script>
<style type="text/css"></style>
</head>
<body>
<div data-role="page" id="page1">
    <div data-role="header">
        <h1>命名锚记</h1>
    </div>
    <div data-role="content">
        <a class="scroll" href="#anchor" data-role="button">跳转到锚记位置</a>
        <div style="height:1000px;"></div>
        <a id="anchor" data-role="button">命名锚记位置</a>
    </div>
</div>
</body>
</html>
```

任务7 添加按钮

任务分析

按钮有两种形式：一种是超链接按钮，另一种是表单按钮。

项目 3 —— jQuery Mobile 页面制作

两种形式的实现代码如下：

形式一：

<a href="#newpage" data-role="button">…</a>

形式二：

<input type="submit" value="提交按钮">

任务实施

1. 新建一个 HTML5 页面，将该文档保存为 3-7.html。在 <head></head> 标签中间添加 <meta> 标签，加载 jQuery Mobile 函数库代码，与本项目任务 1 中的相同。

2. 在 <body> 与 </body> 标签之间编写如下页面文件代码：

```
<div data-role="page" id="page">
    <div data-role="header">
        <h1>添加按钮</h1>
    </div>
    <div data-role="content">
        <a href="#" data-role="button" data-inline="true">超链接按钮</a>
    </div>
</div>
```

3. 保存页面，在 Opera Mobile 模拟器中预览页面，部分效果如图 3-13 所示。

图 3-13

4. 完成添加按钮页面制作，完整代码如下：

```html
<!doctype html>
<html>
<head>
<meta charset="utf-8">
<title>添加按钮</title>
<meta name="viewport" content="width=device-width,initial-scale=1">
<link rel="stylesheet"
    href="http://code.jquery.com/mobile/1.4.5/jquery.mobile-1.4.5.min.css"
    />
<script src="http://code.jquery.com/jquery-1.11.1.min.js"></script>
<script
    src="http://code.jquery.com/mobile/1.4.5/jquery.mobile-1.4.5.min.js"></
    script>
</head>
<body>
<div data-role="page" id="page">
    <div data-role="header">
        <h1>添加按钮</h1>
    </div>
    <div data-role="content">
        <a href="#" data-role="button" data-inline="true">超链接按钮</a>
    </div>
</div>
</body>
</html>
```

提示：data属性中的一些属性可用于规定按钮的样式，具体见表3-1。

表 3-1　用于按钮的 data 属性值和说明

data 属性	值	说明
data-corners	true/false	按钮是否有圆角

(续)

data 属性	值	说明
data-mini	true/false	按钮是否是小型按钮
data-shadow	true/false	按钮是否有阴影

任务拓展

尝试使用任务分析中的代码 <input type="submit" value=" 提交按钮 "> 为页面添加按钮。

任务8 制作导航栏

任务分析

导航栏一般位于页眉栏或者页脚栏。导航栏容器最多可以放 5 个导航按钮，超出的按钮自动显示在下一行。

导航栏的按钮可以引用系统的图标，也可以自定义图标。data-icon 属性值说明见表 3-2 所示。一般情况下，导航栏中的链接将自动变成按钮，不需要设置 data-role 的属性值为"button"。

表 3-2　data-icon 属性值说明

值	说明	值	说明
action	动作	calendar	日历
alert	警告	camera	照相机
audio	扬声器	carat-d	向下
arrow-d-l	左下角	carat-l	向左
arrow-d-r	右下角	carat-r	向右
arrow-u-l	左上角	carat-u	向上
arrow-u-r	右上角	check	验证标记
arrow-l	左箭头	clock	时钟
arrow-r	右箭头	cloud	云
arrow-u	上箭头	comment	评论
arrow-d	下箭头	delete	删除 (X)
back	返回	edit	编辑
bars	栏目	eye	眼睛
bullets	栅栏	forbidden	静止标记

(续)

值	说明	值	说明
forward	前进	phone	电话
gear	齿轮	power	开关
grid	网格	plus	加号
heart	心/爱	recycle	回收
home	家（主页）	refresh	刷新
info	信息	search	搜索
location	定位	shop	商店
lock	锁	star	星号
mail	邮件	tag	标签
minus	减号	user	用户
navigation	导航	video	摄像机

任务实施

1. 新建一个 HTML5 页面，将该文档保存为 3-8.html。在 <head></head> 标签中间添加 <meta> 标签，加载 jQuery Mobile 函数库代码，与本项目任务 1 中的相同。

2. 在 <body> 与 </body> 标签之间编写如下页面文件代码：

```
<div data-role="page" id="page">
    <div data-role="header">
        <div data-role="navbar">
            <ul>
                <li><a href="page2.html" rel="external" class="ui-btn-active">P2</a></li>
                <li><a href="page3.html" rel="external">P3</a></li>
                <li><a href="page4.html" rel="external">P4</a></li>
            </ul>
        </div>
    </div>
    <div data-role="content">
        <img src="images/1.jpg" width="100%" />
    </div>
```

项目 3 —— jQuery Mobile 页面制作

    </div>

3. 保存页面，在 Opera Mobile 模拟器中预览页面，部分效果如图 3-14 所示。单击"P2""P3"或"P4"按钮，可以进入相应页面，图 3-15 是单击"P3"按钮后的效果。

4. 完成导航栏页面制作，完整代码如下。

```html
<!doctype html>
<html>
<head>
<meta charset="utf-8">
<title>制作导航栏</title>
<meta name="viewport" content="width=device-width,initial-scale=1">
<link rel="stylesheet"
    href="http://code.jquery.com/mobile/1.4.5/jquery.mobile-1.4.5.min.css"
    />
<script src="http://code.jquery.com/jquery-1.11.1.min.js"></script>
<script
    src="http://code.jquery.com/mobile/1.4.5/jquery.mobile-1.4.5.min.js"></script>
</head>

<body>
<div data-role="page" id="page">
    <div data-role="header">
        <div data-role="navbar">
            <ul>
                <li><a href="page2.html" rel="external" class="ui-btn-active">P2</a></li>
                <li><a href="page3.html" rel="external">P3</a></li>
                <li><a href="page4.html" rel="external">P4</a></li>
            </ul>
        </div>
    </div>
    <div data-role="content">
```

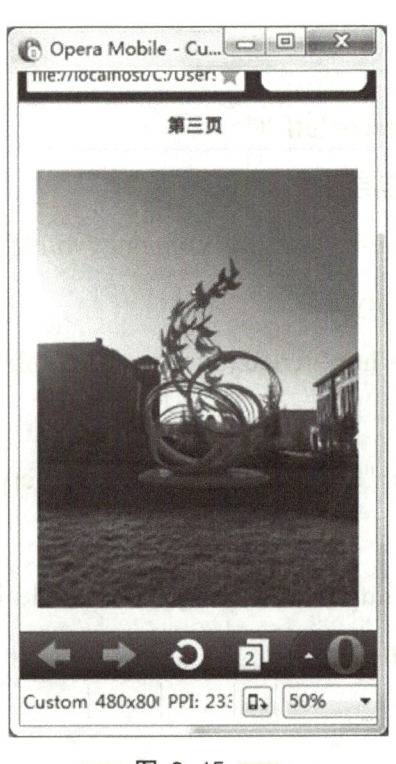

```
            <img src="images/1.jpg" width="100%" />
        </div>
    </div>
</body>
</html>
```

图 3-14

图 3-15

> 提示：默认，按钮的宽度与它的内容一样，使用一个无序列表来平均地划分按钮的宽度。例如，一个按钮占 100% 宽度，两个按钮中的每个按钮占 50% 的宽度，3 个按钮则每个占 33.3% 的宽度，依此类推。然而，如果在导航栏中指定了超过5个按钮，则会拆成多行显示。

任务拓展

在页眉栏中添加标题，为每个链接页面添加返回按钮，使页面迁移更流畅。

任务9　制作尾部栏

任务分析

通过定义 data-role 属性值来定义尾部栏。在尾部栏中可以添加按钮组件和各种表单元素。

项目 3 —— jQuery Mobile 页面制作

任务实施

1. 新建一个 HTML5 页面，将该文档保存为 3-9.html。在 <head></head> 标签中间添加 <meta> 标签，加载 jQuery Mobile 函数库代码，与本项目任务 1 中的相同。

2. 在 <body> 与 </body> 标签之间编写如下页面文件代码：

```
<div data-role="page" id="page">
    <div data-role="header">
    <h1>制作尾部栏</h1>
    </div>
    <div data-role="content">
        <img src="images/1.jpg" class="w100" />
    </div>
    <div data-role="footer">
        <div data-role="controlgroup" data-type="horizontal" >
            <a href="#" data-role="button" data-icon="home">首页</a>
            <a href="#" data-role="button">学校概况</a>
            <a href="#" data-role="button">招生就业</a>
        </div>
    </div>
</div>
```

3. 保存页面，在 Opera Mobile 模拟器中预览页面，效果如图 3-16 所示。尾部栏位于页面底部，为 <a> 标签加入空链接，表示没有实质性迁移。

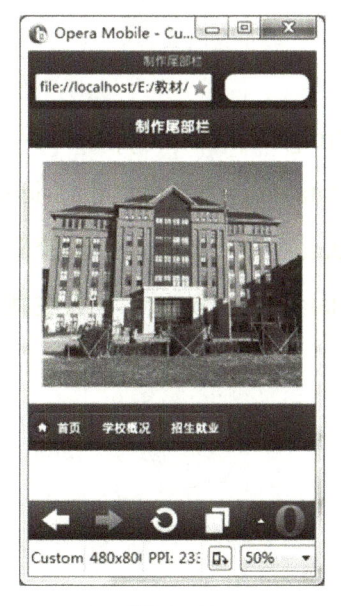

图 3-16

4. 完成尾部栏页面制作，完整代码如下：

```html
<!doctype html>
<html>
<head>
<meta charset="utf-8">
<title>制作尾部栏</title>
<meta name="viewport" content="width=device-width,initial-scale=1">
<link rel="stylesheet"
    href="http://code.jquery.com/mobile/1.4.5/jquery.mobile-1.4.5.min.css"
    />
<script src="http://code.jquery.com/jquery-1.11.1.min.js"></script>
<script
    src="http://code.jquery.com/mobile/1.4.5/jquery.mobile-1.4.5.min.js"></script>
</head>
<body>
<div data-role="page" id="page">
    <div data-role="header">
        <h1>制作尾部栏</h1>
    </div>
    <div data-role="content">
        <img src="images/1.jpg" class="w100" />
    </div>
    <div data-role="footer">
        <div data-role="controlgroup" data-type="horizontal" >
            <a href="#" data-role="button" data-icon="home">首页</a>
            <a href="#" data-role="button">学校概况</a>
            <a href="#" data-role="button">招生就业</a>
        </div>
    </div>
</div>
</body>
</html>
```

提示：在尾部栏中，不仅可以添加按钮组，也可以添加表单中的元素。为了确保表单元素在尾部栏的正常显示，需要在尾部栏容器中添加ui-bar类别，使新增加的表单元素保持一定的间距。此外，将data-position属性值设置为inline，用于统一设定各表单元素的显示位置。

任务拓展

尝试为尾部栏添加其他按钮和表单元素。

任务10　页面布局

任务分析

jQuery Mobile 支持分栏布局，从而提供了简单而有效的界面排版方式。jQuery Mobile 分栏布局是通过 CSS 定义实现的。定义栏目数量和定义栏目位置的设置值如下：

定义栏目数量：ui-guid-a，ui-guid-b，ui-guid-c，ui-guid-d。

定义栏目位置：ui-block-a，ui-block-b，ui-block-c，ui-block-d，ui-block-e。

具体参见表 3-3。

表 3-3　分栏布局设置说明

设置值	栏目数量	宽度/列	对应
ui-guid-a	2	50%	ui-block-a|b
ui-guid-b	3	33.3%	ui-block-a|b|c
ui-guid-c	4	25%	ui-block-a|b|c|d
ui-guid-d	5	20%	ui-block-a|b|c|d|e

任务实施

1. 新建一个 HTML5 页面，将该文档保存为 3-10.html。在 <head></head> 标签中间添加 <meta> 标签，加载 jQuery Mobile 函数库代码，与本项目任务 1 中的相同。

2. 在 <body> 与 </body> 标签之间编写如下页面文件代码：

```
<div data-role="page">
    <div data-role="header">
        <h1>网页布局</h1>

        <div class="ui-grid-a">
            <div class="ui-block-a">
```

```html
                    <div class="ui-bar ui-bar-a">A</div>
                </div>
                <div class="ui-block-b">
                    <div class="ui-bar ui-bar-a">B</div>
                </div>
            </div>
            <div class="ui-grid-b">
                <div class="ui-block-a">
                    <div class="ui-bar ui-bar-a">A</div>
                </div>
                <div class="ui-block-b">
                    <div class="ui-bar ui-bar-a">B</div>
                </div>
                <div class="ui-block-c">
                    <div class="ui-bar ui-bar-a">C</div>
                </div>
            </div>
            <div class="ui-grid-c">
                <div class="ui-block-a">
                    <div class="ui-bar ui-bar-b">A</div>
                </div>
                <div class="ui-block-b">
                    <div class="ui-bar ui-bar-b">B</div>
                </div>
                <div class="ui-block-c">
                    <div class="ui-bar ui-bar-b">C</div>
                </div>
                <div class="ui-block-d">
                    <div class="ui-bar ui-bar-b">D</div>
                </div>
            </div>
            <div class="ui-grid-d">
```

```
            <div class="ui-block-a">
                    <div class="ui-bar ui-bar-c">A</div>
            </div>
            <div class="ui-block-b">
                    <div class="ui-bar ui-bar-c">B</div>
            </div>
            <div class="ui-block-c">
                    <div class="ui-bar ui-bar-c">C</div>
            </div>
            <div class="ui-block-d">
                    <div class="ui-bar ui-bar-c">D</div>
            </div>
            <div class="ui-block-e">
                    <div class="ui-bar ui-bar-c">E</div>
            </div>
        </div>
</div>
```

3. 保存页面，在 Opera Mobile 模拟器中预览页面，效果如图 3-17 所示。本实例中设置了多种布局，读者可以尝试将其分离出来。

图 3-17

4. 完成网页布局页面制作，完整代码如下：

```html
<!doctype html>
<html>
<head>
<meta charset="utf-8">
<title>网页布局</title>
<meta name="viewport" content="width=device-width,initial-scale=1">
<link rel="stylesheet"
    href="http://code.jquery.com/mobile/1.4.5/jquery.mobile-1.4.5.min.css"
    />
<script src="http://code.jquery.com/jquery-1.11.1.min.js"></script>
<script
    src="http://code.jquery.com/mobile/1.4.5/jquery.mobile-1.4.5.min.js"></script>
</head>
<body>
<div data-role="page">
    <div data-role="header">
        <h1>网页布局</h1>

            <div class="ui-grid-a">
                <div class="ui-block-a">
                    <div class="ui-bar ui-bar-a">A</div>
                </div>
                <div class="ui-block-b">
                    <div class="ui-bar ui-bar-a">B</div>
                </div>
            </div>
            <div class="ui-grid-b">
                <div class="ui-block-a">
                    <div class="ui-bar ui-bar-a">A</div>
                </div>
```

```html
            <div class="ui-block-b">
                    <div class="ui-bar ui-bar-a">B</div>
            </div>
            <div class="ui-block-c">
                    <div class="ui-bar ui-bar-a">C</div>
            </div>
    </div>
    <div class="ui-grid-c">
            <div class="ui-block-a">
                    <div class="ui-bar ui-bar-b">A</div>
            </div>
            <div class="ui-block-b">
                    <div class="ui-bar ui-bar-b">B</div>
            </div>
            <div class="ui-block-c">
                    <div class="ui-bar ui-bar-b">C</div>
            </div>
            <div class="ui-block-d">
                    <div class="ui-bar ui-bar-b">D</div>
            </div>
    </div>
    <div class="ui-grid-d">
            <div class="ui-block-a">
                    <div class="ui-bar ui-bar-c">A</div>
            </div>
            <div class="ui-block-b">
                    <div class="ui-bar ui-bar-c">B</div>
            </div>
            <div class="ui-block-c">
                    <div class="ui-bar ui-bar-c">C</div>
            </div>
            <div class="ui-block-d">
```

```html
            <div class="ui-bar ui-bar-c">D</div>
        </div>
        <div class="ui-block-e">
            <div class="ui-bar ui-bar-c">E</div>
        </div>
    </div>
</div>
</body>
</html>
```

> 提示：如果容器选择的样式为两列，即"class"值为"ui-grid-a"，而在它的子容器中添加了 3 个子项，即"class"值为"ui-block-c"，那么该列自动被放置在下一行。

任务拓展

尝试制作一个两栏页面，并在其中加入图片。

任务 11 可折叠区块使用

任务分析

可折叠区块是指特定标记内的图文内容或者表单可以被折叠起来。可折叠区块通常由两部分组成：头部按钮和可折叠内容。当用户单击头部按钮时，即可展开或者折叠所包含的内容。

结构代码如下：

```html
<div data-role="collapsible">
<h1>折叠按钮</h1>
<p>折叠内容</p>
</div>
```

任务实施

1. 新建一个 HTML5 页面，将该文档保存为 3-11.html。在 \<head>\</head> 标签中间添加 \<meta> 标签，加载 jQuery Mobile 函数库代码，与本项目任务 1 中的相同。

2. 在 \<body> 与 \</body> 标签之间编写如下页面文件代码：

```html
<div data-role="page" id="page">
    <div data-role="header">
        <h1>可折叠区块使用</h1>
    </div>
    <div data-role="collapsible">
        <h1>学校风采</h1>
        <p><img src="images/1.jpg" width="100%"/></p>
    </div>
</div>
```

3. 保存页面，在 Opera Mobile 模拟器中预览页面，效果如图 3-18 所示。单击"学校风采"按钮，打开折叠部分，如图 3-19 所示。

■ 图 3-18 ■　　　　　■ 图 3-19 ■

4. 完成可折叠区块页面制作，完整代码如下：

```html
<!doctype html>
<html>
<head>
<meta charset="utf-8">
<title>可折叠区块使用</title>
```

```html
<meta name="viewport" content="width=device-width,initial-scale=1">
<link rel="stylesheet"
    href="http://code.jquery.com/mobile/1.4.5/jquery.mobile-1.4.5.min.css"
    />
<script src="http://code.jquery.com/jquery-1.11.1.min.js"></script>
<script
    src="http://code.jquery.com/mobile/1.4.5/jquery.mobile-1.4.5.min.js"></script>
</head>
<body>
<div data-role="page" id="page">
    <div data-role="header">
        <h1>可折叠区块使用</h1>
    </div>
    <div data-role="collapsible">
        <h1>学校风采</h1>
        <p><img src="images/1.jpg" width="100%"/></p>
    </div>
</div>
</body>
</html>
```

提示：在jQuery Mobile中，可折叠区块中的内容区域可以放置任何想要折叠的HTML标记，当然，也允许再添加一个可折叠区块，从而形成嵌套式的折叠区块。虽然是嵌套式的可折叠区块，但各自的"data-collapsed"属性是独立的，即每层只控制各自的内容是收缩还是展开。

任务拓展

尝试再添加两个 data-role 属性值为 collapsible 的可折叠区块，分别为学校概况、招生就业。

知识补充

- 一个 HTML 页面可以包含多个 jQuery Mobile page，但是在页面加载时，只会显示

项目 3 —— jQuery Mobile 页面制作

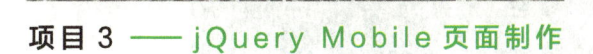

HTML 代码中的第一个 jQuery Mobile page。

- jQuery Mobile 中,通过外链接的方式实现页面的相互切换效果。
- 弹出对话框是在当前视图内打开一个弹出层,使用 data-rel="popup" 类型的链接打开,并且以独占方式打开,背景被遮罩层覆盖,只有关闭对话框后,才可以执行其他界面操作。
- jQuery Mobile 页面布局有网格化布局和可折叠区块两种方法。

项目小结

通过本项目,读者应:

掌握页面间跳转、返回的设置方法,掌握弹出框的设置方法,了解页面缓存的意义并掌握设置方法,可以制作导航栏、尾部栏,掌握页面布局方法。

项目 4 ——jQuery Mobile 组件应用

项目概述

本项目主要是为了让读者理解 jQuery Mobile 组件，具体包含 11 个任务：添加按钮组组件、认识表单组件、添加滑块组件、添加开关按钮、使用单选按钮制作投票页面、使用复选框制作调查问卷、使用自定义菜单、分组列表、图标设置与计数器、格式化列表、列表过滤。通过本项目的学习，读者可以掌握如何应用 jQuery Mobile 组件。

项目分析

jQuery Mobile 提供了许多常用组件，如按钮组件、表单组件以及列表组件等。本项目通过 11 个任务介绍 jQuery Mobile 的常用组件及其使用方法。

任务1 添加按钮组组件

任务分析

在 jQuery Mobile 中，按钮的宽度默认填充整个屏幕。通过设置内联按钮可以使按钮宽度随文字数量改变。可以通过更改按钮容器中的 data-type 属性值来定义按钮方向。水平布局：horizontal；垂直分布：vertical。

在 div 中设置如下代码即可定义按钮组：

`<div data-role="controlgroup"> *设置按钮*</div>`

任务实施

1. 新建一个 HTML5 页面，将该文档保存为 4-1.html。在 `<head></head>` 标签中间添加 `<meta>` 标签，加载 jQuery Mobile 函数库代码：

项目 4 —— jQuery Mobile 组件应用

```
<meta charset="utf-8">
<title>添加按钮组组件</title>
<meta name="viewport" content="width=device-width,initial-scale=1">
<link rel="stylesheet" href="http://code.jquery.com/mobile/1.4.5/jquery.mobile-1.4.5.min.css" />
<script src="http://code.jquery.com/jquery-1.11.1.min.js"></script>
<script src="http://code.jquery.com/mobile/1.4.5/jquery.mobile-1.4.5.min.js"></script>
```

2. 在 <body> 与 </body> 标签之间编写如下页面文件代码：

```
<div data-role="page" id="page">
    <div data-role="header">
        <h1>添加按钮组组件</h1>
    </div>
    <div data-role="content">
        <div data-role="controlgroup" data-type="vertical">
            <input type="reset" value="确认" />
            <input type="submit" value="取消" class="ui-btn-active" />
        </div>
    </div>
    <div data-role="footer">
        <h4>页脚</h4>
    </div>
</div>
```

3. 保存页面，在 Opera Mobile 模拟器中预览页面，效果如图 4-1 所示。

4. 完成按钮组件页面制作，完整代码如下：

```
<!doctype html>
<html>
<head>
<meta charset="utf-8">
<title>添加按钮组组件</title>
<meta name="viewport" content="width=device-width,initial-scale=1">
```

```html
<link rel="stylesheet" href="http://code.jquery.com/mobile/1.4.5/jquery.mobile-1.4.5.min.css" />
<script src="http://code.jquery.com/jquery-1.11.1.min.js"></script>
<script src="http://code.jquery.com/mobile/1.4.5/jquery.mobile-1.4.5.min.js">
</script>
</head>
<body>
<div data-role="page" id="page">
    <div data-role="header">
        <h1>添加按钮组组件</h1>
    </div>
    <div data-role="content">
        <div data-role="controlgroup" data-type="vertical">
            <input type="reset" value="确认" />
            <input type="submit" value="取消" class="ui-btn-active" />
        </div>
    </div>
    <div data-role="footer">
        <h4>页脚</h4>
    </div>
</div>
</body>
</html>
```

图 4-1

项目 4 —— jQuery Mobile 组件应用

提示：当data-type="horizontal" 时，分组按钮水平排布，如果对于屏幕来说按钮的宽度太宽了，那么会分行显示。

任务拓展

尝试添加按钮数量，并通过改变 data-type 属性值来设置水平按钮组。

任务2 认识表单组件

任务分析

在 jQuery Mobile 中，表单组件包括文本输入组件、滑块、翻转切换开关、单选按钮、复选框和选择菜单等。本任务主要介绍文本输入组件的设置方法。

通过设置 input type 类型来设定不同类型的文本输入组件，见表 4-1。

表 4-1　input type 属性值说明

input type 类型	说明
search	搜索表单
email	电子邮件表单
tel	电话表单
text	文本域表单
radio	单选按钮
checkbox	复选框
range	滑块
slider	翻转切换开关
number	数字表单
password	密码表单

任务实施

1. 新建一个 HTML5 页面，将该文档保存为 4-2.html。在 <head></head> 标签中间添加 <meta> 标签，加载 jQuery Mobile 函数库代码，与本项目任务 1 中的相同。

2. 在 <body> 与 </body> 标签之间编写如下页面文件代码：

```
<div data-role="page">
    <div data-role="header">
        <h1>文本输入组件</h1>
```

```
            </div>
            <div data-role="content">
                商品编号：<input type="number" id="unumber" name="unumber" value="">
                商品名称：<input type="text" id="uname" name="uname" value="">
            </div>
        </div>
```

3. 保存页面，在 Opera Mobile 模拟器中预览页面，效果如图 4-2 所示。

图 4-2

4. 完成文本输入组件页面制作，完整代码如下：

```
<!doctype html>
<html>
<head>
<meta charset="utf-8">
<title>文本输入组件</title>
<meta name="viewport" content="width=device-width,initial-scale=1">
<link rel="stylesheet" href="http://code.jquery.com/mobile/1.4.5/jquery.mobile-1.4.5.min.css" />
```

项目4 —— jQuery Mobile 组件应用

```
<script src="http://code.jquery.com/jquery-1.11.1.min.js"></script>
<script src="http://code.jquery.com/mobile/1.4.5/jquery.mobile-1.4.5.min.js"></script>
</head>
<body>
<div data-role="page">
    <div data-role="header">
        <h1>文本输入组件</h1>
    </div>
    <div data-role="content">
        商品编号：<input type="number" id="unumber" name="unumber" value="">
        商品名称：<input type="text" id="uname" name="uname" value="">
    </div>
</div>
</body>
</html>
```

提示：所有的 jQuery Mobile 组件均支持data-theme属性，用于设置组件的颜色，该属性默认有五个值（即a，b，c，d，e），分别代表由深到浅五种颜色。

任务拓展

尝试为页面添加不同类型的文本输入组件。

任务3 添加滑块组件

任务分析

在 jQuery Mobile 中，滑块组件由两部分组成，一部分是可调整大小的数字输入框，另一部分是数字输入框后的滑动条。滑块组件通过在 <input> 标签中设置 type 属性值为 range 来实现。

任务实施

1. 新建一个 HTML5 页面，将该文档保存为 4-3.html。在 <head></head> 标签中间添

— 71 —

加 <meta> 标签，加载 jQuery Mobile 函数库代码，与本项目任务 1 中的相同。

2. 在 <body> 与 </body> 标签之间编写如下页面文件代码：

```
<div data-role="page" id="page">
    <div data-role="header">
        <h1>滑块</h1>
    </div>
    <div data-role="content">
        <div data-role="fieldcontain">
            <label for="slider">值:</label>
            <input type="range" name="slider" id="slider" value="0" min="0" max="100" />
        </div>
    </div>
    <div data-role="footer">
        <h4>页脚</h4>
    </div>
</div>
```

3. 保存页面，在 Opera Mobile 模拟器中预览页面，可以看到滑块的页面效果，如图 4-3 所示。

图 4-3

项目 4 —— jQuery Mobile 组件应用

4. 完成滑块页面制作，完整代码如下：

```html
<!doctype html>
<html>
<head>
<meta charset="utf-8">
<title>滑块</title>
<meta name="viewport" content="width=device-width,initial-scale=1">
<link rel="stylesheet" href="http://code.jquery.com/mobile/1.4.5/jquery.mobile-1.4.5.min.css" />
<script src="http://code.jquery.com/jquery-1.11.1.min.js"></script>
<script src="http://code.jquery.com/mobile/1.4.5/jquery.mobile-1.4.5.min.js"></script>
</head>
<body>
<div data-role="page" id="page">
    <div data-role="header">
        <h1>滑块</h1>
    </div>
    <div data-role="content">
        <div data-role="fieldcontain">
            <label for="slider">值:</label>
            <input type="range" name="slider" id="slider" value="0" min="0" max="100" />
        </div>
    </div>
    <div data-role="footer">
        <h4>页脚</h4>
    </div>
</div>
</body>
</html>
```

任务4 添加开关按钮

任务分析

在 jQuery Mobile 中，开关按钮的功能与单选按钮类似，但是更加直观。在 <select> 标签中设置 data-role 属性值为 slider，将开关按钮设置为翻转切换开关。

任务实施

1. 新建一个 HTML5 页面，将该文档保存为 4-4.html。在 <head></head> 标签中间添加 <meta> 标签，加载 jQuery Mobile 函数库代码，与本项目任务 1 中的相同。

2. 在 <body> 与 </body> 标签之间编写如下页面文件代码：

```
<div data-role="page" id="page">
    <div data-role="header">
        <h1>开关按钮</h1>
    </div>
    <div data-role="content">
        <select id="slider" data-role="slider">
            <option value="off">关</option>
            <option value="on">开</option>
        </select>
    </div>
    <div data-role="footer">
        <h4>页脚</h4>
    </div>
</div>
```

3. 保存页面，在 Opera Mobile 模拟器中预览页面，可以看到开关按钮的页面效果，如图 4-4 所示。单击"关"按钮，实现切换效果，如图 4-5 所示。

4. 完成开关按钮页面制作，完整代码如下：

```
<!doctype html>
<html>
<head>
```

```html
<meta charset="utf-8">
<title>开关按钮</title>
<meta name="viewport" content="width=device-width,initial-scale=1">
<link rel="stylesheet" href="http://code.jquery.com/mobile/1.4.5/jquery.mobile-1.4.5.min.css" />
<script src="http://code.jquery.com/jquery-1.11.1.min.js"></script>
<script src="http://code.jquery.com/mobile/1.4.5/jquery.mobile-1.4.5.min.js"></script>
</head>

<body>
<div data-role="page" id="page">
    <div data-role="header">
        <h1>开关按钮</h1>
    </div>
    <div data-role="content">
        <select id="slider" data-role="slider">
            <option value="off">关</option>
            <option value="on">开</option>
        </select>
    </div>
    <div data-role="footer">
        <h4>页脚</h4>
    </div>
</div>
</body>
</html>
```

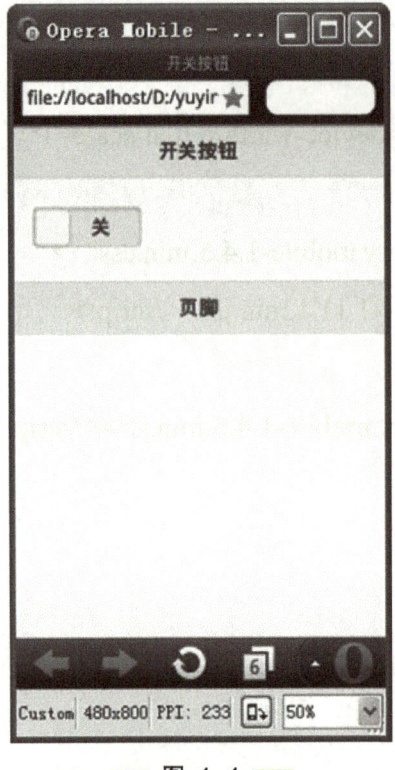

图 4-4

图 4-5

任务5 使用单选按钮制作投票页面

任务分析

在若干选项中只能选择一个单选按钮。

设置单选按钮的代码如下：

```
<fieldset data-role="controlgroup" >
<input type="radio" name="radio1" id="radio1_0" value="1" />
<label for="radio1_0">选项A </label>
<input type="radio" name="radio1" id="radio1_1" value="2" />
<label for="radio1_1">选项B</label>
</fieldset>
```

任务实施

1. 新建一个 HTML5 页面，将该文档保存为 4-5.html。在 <head></head> 标签中间添加 <meta> 标签，加载 jQuery Mobile 函数库代码，与本项目任务 1 中的相同。

2. 在 <body> 与 </body> 标签之间编写如下页面文件代码：

```
<div data-role="header">
```

```
        <h4>优秀学生干部推荐人选选票</h4>
    </div>
    <div data-role="controlgroup" >
        <input type="radio" name="radio1" id="radio1_0" value="1" />
        <label for="radio1_0">李小蕊</label>
        <input type="radio" name="radio1" id="radio1_1" value="2" />
        <label for="radio1_1">张欣欣</label>
        <input type="radio" name="radio1" id="radio1_2" value="3" />
        <label for="radio1_2">赵锐</label>
    </div>
            <div data-role="content">
                <div> <input type="button" data-inline="true" value="提交" /></div>
            </div>
```

3. 保存页面，在 Opera Mobile 模拟器中预览页面，可以看到使用单选按钮制作的选票页面效果，如图 4-6 所示。

图 4-6

4. 完成单选按钮页面制作，完整代码如下：

```
<!doctype html>
<html>
<head>
```

```html
<meta charset="utf-8">
<title>使用单选按钮</title>
<meta name="viewport" content="width=device-width,initial-scale=1" />
<link href="jquery-mobile/jquery.mobile.theme-1.3.0.min.css" rel="stylesheet" type="text/css">
<link href="jquery-mobile/jquery.mobile.structure-1.3.0.min.css" rel="stylesheet" type="text/css">
<script src="jquery-mobile/jquery-1.8.3.min.js" type="text/javascript"></script>
<script src="jquery-mobile/jquery.mobile-1.3.0.min.js" type="text/javascript"></script>
<script>
</script>
<style type="text/css"></style>
</head>
<body>
  <div data-role="header">
    <h4>优秀学生干部推荐人选选票</h4>
  </div>
  <div data-role="controlgroup" >
    <input type="radio" name="radio1" id="radio1_0" value="1" />
    <label for="radio1_0">李小蕊</label>
    <input type="radio" name="radio1" id="radio1_1" value="2" />
    <label for="radio1_1">张欣欣</label>
    <input type="radio" name="radio1" id="radio1_2" value="3" />
    <label for="radio1_2">赵锐</label>
  </div>
  <div data-role="content">
    <div> <input type="button" data-inline="true" value="提交" /></div>
  </div>
</body>
</html>
```

项目4 —— jQuery Mobile 组件应用

> 提示：可使用带有 data-role="controlgroup"和 data-type="horizontal|vertical"的容器来规定是否水平或垂直组合单选按钮。

任务拓展

尝试增加单选按钮选项，并添加"取消"按钮。

任务6 使用复选框制作调查问卷

任务分析

复选框支持同时选择多个选项。

设置复选框的代码如下：

```
<fieldset data-role="controlgroup" >
<input type="checkbox" name="checkbox1" id="checkbox1_0" value="1" />
<label for="checkbox _0">选项A</label>
<input type="checkbox" name="checkbox1" id="checkbox1_1" value="2" />
<label for="checkbox1_1">选项B</label>
</fieldset>
```

任务实施

1. 新建一个HTML5页面，将该文档保存为4-6.html。在 <head></head> 标签中间添加 <meta> 标签，加载 jQuery Mobile 函数库代码，与本项目任务1中的相同。

2. 在 <body> 与 </body> 标签之间编写如下页面文件代码：

```
<div data-role="page" id="page">
    <div data-role="header">
        <h1>调查问卷</h1>
    </div>
    <div data-role="content">
        <div data-role="fieldcontain">
            <fieldset data-role="controlgroup" data-type="vertical">
                <legend>你喜爱的运动方式</legend>
                <input type="checkbox" name="checkbox1"
```

— 79 —

```
                        id="checkbox1_0" class="custom" value="js" />
                                <label for="checkbox1_0">篮球</label>
                                <input type="checkbox" name="checkbox1"
                        id="checkbox1_1" class="custom" value="css" />
                                <label for="checkbox1_1">足球</label>
                                <input type="checkbox" name="checkbox1"
                        id="checkbox1_2" class="custom" value="html" />
                                <label for="checkbox1_2">乒乓球</label>
                    </fieldset>
                </div>
            </div>
            <div data-role="footer">
                <h4>页脚</h4>
            </div>
        </div>
```

3. 保存页面，在 Opera Mobile 模拟器中预览页面，可以看到使用复选框制作的调查问卷页面效果，如图 4-7 所示。

图 4-7

项目4 —— jQuery Mobile 组件应用

4. 完成复选框页面制作，完整代码如下：

```html
<!doctype html>
<html>
<head>
<meta charset="utf-8">
<title>使用复选框</title>
<meta name="viewport" content="width=device-width,initial-scale=1">
<link rel="stylesheet" href="http://code.jquery.com/mobile/1.4.5/jquery.mobile-1.4.5.min.css" />
<script src="http://code.jquery.com/jquery-1.11.1.min.js"></script>
<script src="http://code.jquery.com/mobile/1.4.5/jquery.mobile-1.4.5.min.js"></script>
</head>
<body>
<div data-role="page" id="page">
    <div data-role="header">
        <h1>调查问卷</h1>
    </div>
    <div data-role="content">
        <div data-role="fieldcontain">
            <fieldset data-role="controlgroup" data-type="vertical">
                <legend>你喜爱的运动方式</legend>
                <input type="checkbox" name="checkbox1" id="checkbox1_0" class="custom" value="js" />
                <label for="checkbox1_0">篮球</label>
                <input type="checkbox" name="checkbox1" id="checkbox1_1" class="custom" value="css" />
                <label for="checkbox1_1">足球</label>
                <input type="checkbox" name="checkbox1" id="checkbox1_2" class="custom" value="html" />
                <label for="checkbox1_2">乒乓球</label>
```

```html
                    </fieldset>
                </div>
            </div>
            <div data-role="footer">
                <h4>页脚</h4>
            </div>
        </div>
    </body>
</html>
```

> 提示：通常情况下，复选框组默认是垂直放置的。通过jQuery Mobile固有的样式自动删除复选框的间距，使其看起来像一个整体。

任务拓展

尝试添加复选框选项。注意 id 的设置，要求唯一性。

任务7 使用自定义菜单

任务分析

使用 <select> 标签形成的选择菜单有两种类型：一种是原生菜单类型，通过单击下拉箭头出现下拉菜单；另一种是自定义菜单类型。本任务主要使用自定义菜单。

在 <select> 标签中将 data-native-menu 的属性值设置为 false，即可将选择菜单转换成自定义菜单类型。

任务实施

1. 新建一个 HTML5 页面，将该文档保存为 4-7.html。在 <head></head> 标签中间添加 <meta> 标签，加载 jQuery Mobile 函数库代码，与本项目任务 1 中的相同。

2. 在 <body> 与 </body> 标签之间编写如下页面文件代码：

```html
<div data-role="page" id="page">
    <div data-role="header">
        <h1>自定义选择菜单</h1>
    </div>
```

项目 4 —— jQuery Mobile 组件应用

```html
<div data-role="content">
    <div data-role="fieldcontain">
        <fieldset data-role="controlgroup" data-type="vertical">
            <label for="selectmenu" class="select">年</label>
            <select name="selectmenu" id="selectmenu" data-native-menu="false">
                <option>年</option>
                <option value="2013">2018</option>
                <option value="2014">2019</option>
                <option value="2015">2020</option>
            </select>
            <label for="selectmenu2" class="select">月</label>
            <select name="selectmenu2" id="selectmenu2" data-native-menu="false">
                <option>月</option>
                <option value="1">1月</option>
                <option value="2">2月</option>
                <option value="3">3月</option>
                <option value="4">4月</option>
                <option value="5">5月</option>
                <option value="6">6月</option>
                <option value="7">7月</option>
                <option value="8">8月</option>
                <option value="9">9月</option>
                <option value="10">10月</option>
                <option value="11">11月</option>
                <option value="12">12月</option>
            </select>
            <label for="selectmenu3" class="select">日</label>
            <select name="selectmenu3" id="selectmenu3" data-native-menu="false">
                <option>日</option>
```

```
            <option value="1">1</option>
            <option value="2">2</option>
            <option value="3">3</option>
            <option value="4">4</option>
            <option value="5">5</option>
            <option value="6">6</option>
            <option value="7">7</option>
            <option value="8">8</option>
            <option value="9">9</option>
            <option value="10">10</option>
            <option value="11">11</option>
            <option value="12">12</option>
            <option value="13">13</option>
            <option value="14">14</option>
            <option value="15">15</option>
            <option value="16">16</option>
            <option value="17">17</option>
            <option value="18">18</option>
            <option value="19">19</option>
            <option value="20">20</option>
            <option value="21">21</option>
            <option value="22">22</option>
            <option value="23">23</option>
            <option value="24">24</option>
            <option value="25">25</option>
            <option value="26">26</option>
            <option value="27">27</option>
            <option value="28">28</option>
            <option value="29">29</option>
            <option value="30">30</option>
            <option value="31">31</option>
        </select>
```

```
                </fieldset>
            </div>
        </div>
    </div>
```

3. 保存页面，在 Opera Mobile 模拟器中预览页面，可以看到自定义选择菜单页面效果，如图 4-8 所示。单击“年”按钮，出现年的选择菜单，如图 4-9 所示，选择某一个年份后，页面自动关闭。同样，单击“月”和“日”按钮，出现的选择菜单如图 4-10 和图 4-11 所示，选中某选项后，页面也会自动关闭。

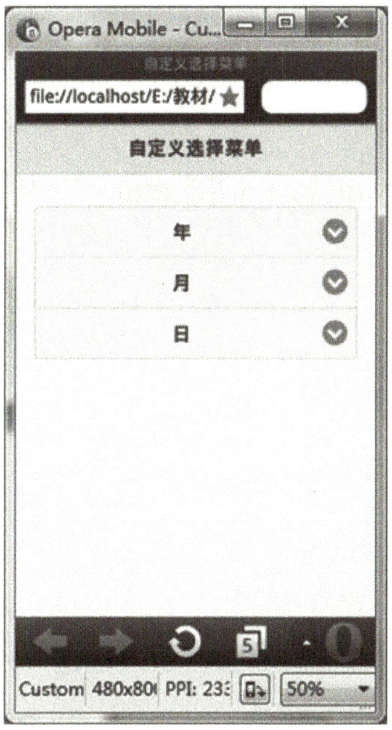

图 4-8

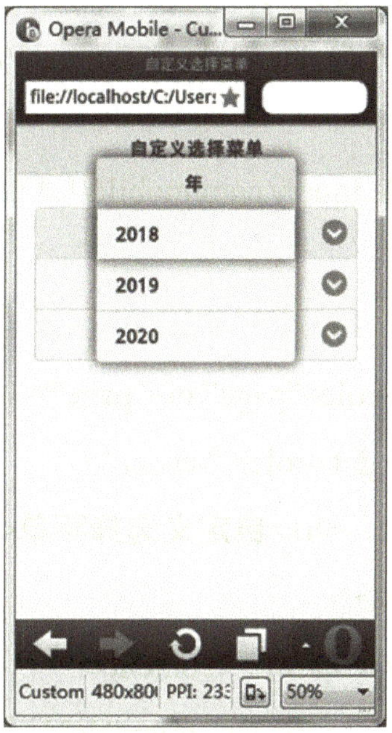

图 4-9

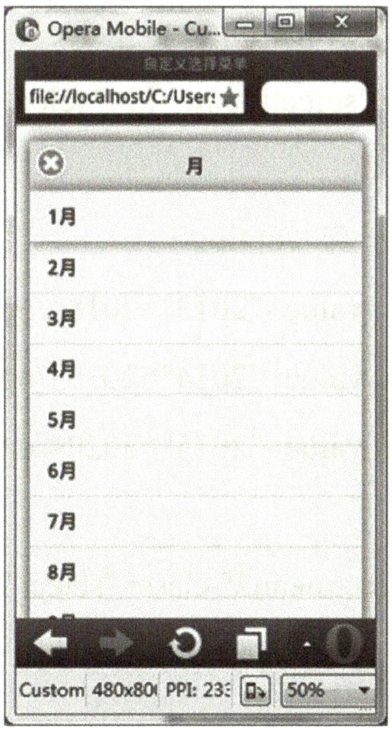

图 4-10

图 4-11

4. 完成自定义菜单页面制作，完整代码如下：

```html
<!doctype html>
<html>
<head>
<meta charset="utf-8">
<title>自定义选择菜单</title>
<meta name="viewport" content="width=device-width,initial-scale=1">
<link rel="stylesheet" href="http://code.jquery.com/mobile/1.4.5/jquery.mobile-1.4.5.min.css" />
<script src="http://code.jquery.com/jquery-1.11.1.min.js"></script>
<script src="http://code.jquery.com/mobile/1.4.5/jquery.mobile-1.4.5.min.js"></script>
</head>
<body>
<div data-role="page" id="page">
    <div data-role="header">
        <h1>自定义选择菜单</h1>
    </div>
    <div data-role="content">
        <div data-role="fieldcontain">
            <fieldset data-role="controlgroup" data-type="vertical">
                <label for="selectmenu" class="select">年</label>
                <select name="selectmenu" id="selectmenu" data-native-menu="false">
                    <option>年</option>
                    <option value="2013">2018</option>
                    <option value="2014">2019</option>
                    <option value="2015">2020</option>
                </select>
                <label for="selectmenu2" class="select">月</label>
                <select name="selectmenu2" id="selectmenu2" data-native-menu="false">
```

项目 4 —— jQuery Mobile 组件应用

```
            <option>月</option>
            <option value="1">1月</option>
            <option value="2">2月</option>
            <option value="3">3月</option>
            <option value="4">4月</option>
            <option value="5">5月</option>
            <option value="6">6月</option>
            <option value="7">7月</option>
            <option value="8">8月</option>
            <option value="9">9月</option>
            <option value="10">10月</option>
            <option value="11">11月</option>
            <option value="12">12月</option>
        </select>
        <label for="selectmenu3" class="select">日</label>
        <select name="selectmenu3" id="selectmenu3" data-native-menu="false">
            <option>日</option>
            <option value="1">1</option>
            <option value="2">2</option>
            <option value="3">3</option>
            <option value="4">4</option>
            <option value="5">5</option>
            <option value="6">6</option>
            <option value="7">7</option>
            <option value="8">8</option>
            <option value="9">9</option>
            <option value="10">10</option>
            <option value="11">11</option>
            <option value="12">12</option>
            <option value="13">13</option>
            <option value="14">14</option>
```

```html
                    <option value="15">15</option>
                    <option value="16">16</option>
                    <option value="17">17</option>
                    <option value="18">18</option>
                    <option value="19">19</option>
                    <option value="20">20</option>
                    <option value="21">21</option>
                    <option value="22">22</option>
                    <option value="23">23</option>
                    <option value="24">24</option>
                    <option value="25">25</option>
                    <option value="26">26</option>
                    <option value="27">27</option>
                    <option value="28">28</option>
                    <option value="29">29</option>
                    <option value="30">30</option>
                    <option value="31">31</option>
                </select>
            </fieldset>
          </div>
        </div>
      </div>
    </body>
</html>
```

> 提示：自定义选择菜单由按钮和菜单两部分组成，当用户单击按钮时，对应的菜单选择器会自动打开，选中其中某一项后，菜单自动关闭。

任务拓展

尝试在自定义菜单中加入文本"选择年份""选择月份"和"选择日期"。

任务8 分组列表

任务分析

在 jQuery Mobile 中，列表组件分为 <ul> 无序列表和 <ol> 有序列表。本任务主要以 <ul> 无序列表为例，介绍分组列表的设置方法。

当 <ul> 标签中的 data-role 属性值为 listview 时，会用默认样式对列表进行渲染显示。

任务实施

1. 新建一个 HTML5 页面，将该文档保存为 4-8.html。在 <head></head> 标签中间添加 <meta> 标签，加载 jQuery Mobile 函数库代码，与本项目任务 1 中的相同。

2. 在 <body> 与 </body> 标签之间编写如下页面文件代码：

```
<div data-role="page" id="page">
    <div data-role="header">
        <h1>分组列表</h1>
    </div>
    <div data-role="content">
        <ul data-role="listview">
            <li><a href="#">学校概况</a></li>
            <li><a href="#">教学科研</a></li>
            <li><a href="#">学生园地</a></li>
        </ul>
    </div>
    <div data-role="footer">
        <h4>页脚</h4>
    </div>
</div>
```

3. 保存页面，在 Opera Mobile 模拟器中预览页面，可以看到分组列表页面效果，如图 4-12 所示。

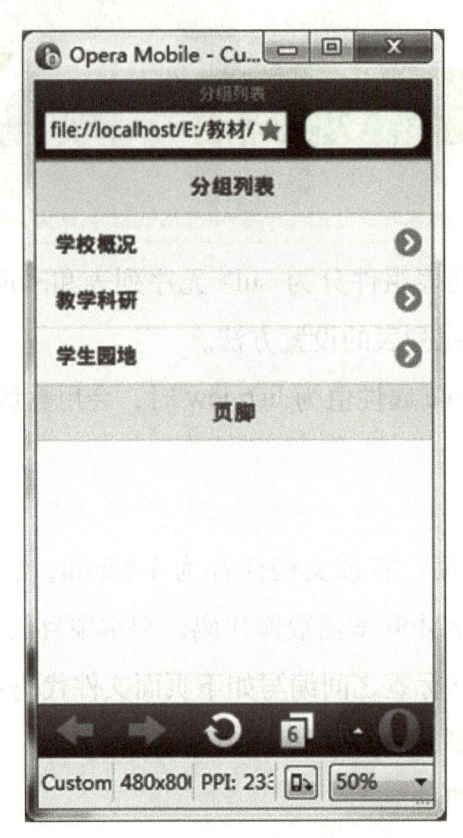

图 4-12

4. 完成分组列表页面制作，完整代码如下：

```
<!doctype html>
<html>
<head>
<meta charset="utf-8">
<title>分组列表</title>
<meta name="viewport" content="width=device-width,initial-scale=1">
<link rel="stylesheet" href="http://code.jquery.com/mobile/1.4.5/jquery.mobile-1.4.5.min.css" />
<script src="http://code.jquery.com/jquery-1.11.1.min.js"></script>
<script src="http://code.jquery.com/mobile/1.4.5/jquery.mobile-1.4.5.min.js"></script>
</head>
<body>
<div data-role="page" id="page">
    <div data-role="header">
        <h1>分组列表</h1>
```

项目 4 —— jQuery Mobile 组件应用

```
          </div>
          <div data-role="content">
              <ul data-role="listview">
                  <li><a href="#">学校概况</a></li>
                  <li><a href="#">教学科研</a></li>
                  <li><a href="#">学生园地</a></li>
              </ul>
          </div>
          <div data-role="footer">
              <h4>页脚</h4>
          </div>
      </div>
   </body>
</html>
```

提示：有序列表显示时会优先使用CSS样式给列表添加序号。如果浏览器不支持这种CSS样式，jQuery Mobile会调用JavaScript中的方法向列表写入编号。

任务拓展

尝试使用 <ol> 有序列表标签制作分组列表，并找出其与无序列表的区别。

任务9　图标设置与计数器

任务分析

在列表 <ul> 或 <ol> 标签中，在列表项目前添加 <img> 标签来作为 <li> 标签的第一个元素，即可将图标显示为缩略图。如果在 <img> 标签中定义类别属性 class="ui-li-icon"，则可将图片变为图标显示。

在 <span> 标签中定义类别属性 class="ui-li-icon"，则可以在列表的最右侧显示一个计数器。

任务实施

1. 新建一个HTML5页面，将该文档保存为4-9.html。在 <head></head> 标签中间添

加 <meta> 标签，加载 jQuery Mobile 函数库代码，与本项目任务 1 中的相同。

2. 在 <body> 与 </body> 标签之间编写如下页面文件代码：

```
<div data-role="page" id="page">
    <div data-role="header">
        <h1>图标与计数器</h1>
    </div>
    <div data-role="content">
        <ul data-role="listview">
            <li><a href="#"><img src="images/1.jpg" />缩微图列表<span class="ui-li-count">3</span></a></li>
            <li><a href="#"><img src="images/1.jpg" class="ui-li-icon" />图标列表<span class="ui-li-count">15</span></a></li>
        </ul>
    </div>
    <div data-role="footer">
        <h4>页脚</h4>
    </div>
</div>
```

3. 保存页面，在 Opera Mobile 模拟器中预览页面，可以看到图标与计数器页面效果，如图 4-13 所示。

图 4-13

4. 完成图标与计数器页面制作，完整代码如下：

```html
<!doctype html>
<html>
<head>
<meta charset="utf-8">
<title>图标与计数器</title>
<meta name="viewport" content="width=device-width,initial-scale=1">
<link rel="stylesheet" href="http://code.jquery.com/mobile/1.4.5/jquery.mobile-1.4.5.min.css" />
<script src="http://code.jquery.com/jquery-1.11.1.min.js"></script>
<script src="http://code.jquery.com/mobile/1.4.5/jquery.mobile-1.4.5.min.js"></script>
</head>
<body>
<div data-role="page" id="page">
    <div data-role="header">
        <h1>图标与计数器</h1>
    </div>
    <div data-role="content">
        <ul data-role="listview">
            <li><a href="#"><img src="images/1.jpg" />缩微图列表<span class="ui-li-count">3</span></a></li>
            <li><a href="#"><img src="images/1.jpg" class="ui-li-icon" />图标列表<span class="ui-li-count">15</span></a></li>
        </ul>
    </div>
    <div data-role="footer">
        <h4>页脚</h4>
    </div>
</div>
</body>
</html>
```

提示：使用图片作为列表项的图标时要注意选取尺寸较小的图片。如果尺寸过大，则可能出现图片与文字不协调的情况。

任务拓展

尝试将计数器的数字换成简短的文字，如"new"。

任务10　格式化列表

任务分析

在 jQuery Mobile 中，可通过标签 <h>、<p> 等来设置内容格式。

使用 <h> 元素可突出列表中显示的内容，<p> 元素用于减弱列表中显示的内容。两者结合使用，可以使列表中显示的内容具有层次关系。

任务实施

1. 新建一个 HTML5 页面，将该文档保存为 4-10.html。在 <head></head> 标签中间添加 <meta> 标签，加载 jQuery Mobile 函数库代码，与本项目任务 1 中的相同。

2. 在 <body> 与 </body> 标签之间编写如下页面文件代码：

```
<div data-role="page" data-theme="a">
    <div data-role="header" data-fullscreen="true">
        <h1>热门图书</h1>
    </div>
    <div data-role="content">
    <ul data-role="listview">
        <li><a href="#">
            <img src="images/1.PNG">
            <h2>月亮与六个便士</h2>
            <p>[英]毛姆</p></a>
        </li>
        <li><a href="#">
            <img src="images/2.PNG">
            <h2>故宫日历2019</h2>
            <p>故宫博物院</p></a>
```

项目4 —— jQuery Mobile 组件应用

```
        </li>
        <li><a href="#">
            <img src="images/3.PNG">
            <h2>环球国家地理百科全书</h2>
            <p>王越</p></a>
        </li>
        <li><a href="#">
            <img src="images/4.PNG">
            <h2>菊与刀</h2>
            <p>[美]本尼迪克特</p></a>
        </li>
        <li><a href="#">
            <img src="images/5.PNG">
            <h2>我们的节日</h2>
            <p>洋洋兔</p></a>
        </li>
    </ul>
  </div>
</div>
```

3. 保存页面，在 Opera Mobile 模拟器中预览页面，可以看到格式化后的列表页面效果，部分效果如图 4-14 所示。

图 4-14

— 95 —

4. 完成格式化列表页面制作，完整代码如下：

```html
<!doctype html>
<html>
<head>
<meta charset="utf-8">
<title>格式化列表</title>
<meta name="viewport" content="width=device-width,initial-scale=1">
<link rel="stylesheet" href="http://code.jquery.com/mobile/1.4.5/jquery.mobile-1.4.5.min.css" />
<script src="http://code.jquery.com/jquery-1.11.1.min.js"></script>
<script src="http://code.jquery.com/mobile/1.4.5/jquery.mobile-1.4.5.min.js"></script>
</head>
<body>
<div data-role="page" data-theme="a">
    <div data-role="header" data-fullscreen="true">
        <h1>热门图书</h1>
    </div>
    <div data-role="content">
        <ul data-role="listview">
            <li><a href="#">
                <img src="images/1.PNG">
                <h2>月亮与六个便士</h2>
                <p>[英]毛姆</p></a>
            </li>
            <li><a href="#">
                <img src="images/2.PNG">
                <h2>故宫日历2019</h2>
                <p>故宫博物院</p></a>
            </li>
            <li><a href="#">
                <img src="images/3.PNG">
```

```
            <h2>环球国家地理百科全书</h2>
            <p>王越</p></a>
        </li>
        <li><a href="#">
            <img src="images/4.PNG">
            <h2>菊与刀</h2>
            <p>[美]本尼迪克特</p></a>
        </li>
        <li><a href="#">
            <img src="images/5.PNG">
            <h2>我们的节日</h2>
            <p>洋洋兔</p></a>
        </li>
    </ul>
  </div>
 </div>
 </body>
</html>
```

任务拓展

尝试制作音乐播放列表，并对其进行格式化。

任务11 列表过滤

任务分析

当列表条目很多的时候，因为移动设备界面尺寸的限制，用户很难快速查找内容，而过滤列表就解决了这一问题。

在 <ul> 标签中设置 data-filter="true"，就会在列表上方自动添加一个搜索框。

任务实施

1. 新建一个 HTML5 页面，将该文档保存为 4-11.html。在 <head></head> 标签中间添加 <meta> 标签，加载 jQuery Mobile 函数库代码，与本项目任务 1 中的相同。

2. 在 <body> 与 </body> 标签之间编写如下页面文件代码：

```
<ul data-role="listview" data-filter="true">
    <li>苹果</li>
    <li>葡萄</li>
    <li>香蕉</li>
    <li>杨桃</li>
    <li>水晶梨</li>
    <li>水蜜桃</li>
    <li>西瓜</li>
    <li>山竹</li>
    <li>胡桃</li>
    <li>香瓜</li>
</ul>
```

3. 保存页面，在 Opera Mobile 模拟器中预览页面，效果如图 4-15 所示。在搜索栏中输入"桃"，部分页面效果如图 4-16 所示。

4. 完成列表过滤页面制作，完整代码如下：

```
<!doctype html>
<html>
<head>
<meta charset="utf-8">
<title>过滤列表</title>
<meta name="viewport" content="width=device-width,initial-scale=1">
<link rel="stylesheet" href="http://code.jquery.com/mobile/1.4.5/jquery.mobile-1.4.5.min.css" />
<script src="http://code.jquery.com/jquery-1.11.1.min.js"></script>
<script src="http://code.jquery.com/mobile/1.4.5/jquery.mobile-1.4.5.min.js"></script>
</head>

<body>
<ul data-role="listview" data-filter="true">
    <li>苹果</li>
```

项目 4 —— jQuery Mobile 组件应用

```
            <li>葡萄</li>
            <li>香蕉</li>
            <li>杨桃</li>
            <li>水晶梨</li>
            <li>水蜜桃</li>
            <li>西瓜</li>
            <li>山竹</li>
            <li>胡桃</li>
            <li>香瓜</li>
        </ul>
    </body>
</html>
```

图 4-15   图 4-16

知识补充

- 在 jQuery Mobile 中，多个按钮通过捆绑形成按钮组，可以以横向或者纵向的形式显示。

- 分组列表通过分组标记将不同类别的内容集中放在一个列表中。
- 在 jQuery Mobile 中，可以在列表中添加缩略图作为图标。
- 在列表视图中，可以加入提示信息。
- 格式化列表可以使页面内容更有层次。

项目小结

通过本项目，读者应掌握按钮组件的设置方法，理解表单组件的意义，掌握单选按钮和复选框的设置方法，可以制作自定义菜单，可以制作列表并可以给列表添加图标和计数器，掌握格式化列表的方法。

项目 5
——jQuery Mobile 主题样式设置

项目概述

jQuery Mobile 可将页面中的样式和组件进行封装，形成全新的面向对象的 CSS 框架，统一后形成具有不同特色的主题样式。选取主题样式，可以快速、便捷地统一页面样式，方便开发人员的使用。

项目分析

本项目通过案例介绍了 jQuery Mobile 中默认主题样式的使用、默认主题样式的修改以及自定义主题样式的方法。

任务1 使用默认主题样式

任务分析

jQuery Mobile 目前的版本提供了两种不同的主题样式，即 a 和 b，每一种主题的按钮、工具条、内容块等的颜色都各有特色，每个主题的视觉效果也不一样，见表 5-1。

表 5-1 最新主题样式

描述	实例
a	页面为灰色背景、黑色文字
	头部与底部均为灰色背景、黑色文字
	按钮为灰色背景、黑色文字
	激活的按钮和链接为白色文本、蓝色背景
	input 输入框中，placeholder 属性值为浅灰色，value 值为黑色
b	页面为黑色背景、白色文字
	头部与底部均为黑色背景、白色文字
	按钮为白色文字、木炭灰背景
	激活的按钮和链接为白色文本、蓝色背景
	input 输入框中，placeholder 属性值为浅灰色，value 值为白色

在默认情况下，jQuery Mobile 中头部栏与尾部栏的主题是 a 字母，因为 a 字母代表最高的视觉效果。如果需要改变某组件或容器当前的主题，那么可通过设置元素的 data-theme 属性自定义应用的外观，示例语句如下：

```
<div data-role="page" id="pageone" data-theme="a|b">
```

任务实施

1. 新建 HTML5 页面，将其保存为 5-1-1.html。在 <head></head> 标签之间添加 <meta> 标签，设置和加载 jQuery Mobile 函数库代码：

```html
<head>
    <meta name="viewport" content="width=device-width, initial-scale=1">
    <link rel="stylesheet" href="http://code.jquery.com/mobile/1.4.5/jquery.mobile-1.4.5.min.css">
    <script src="https://code.jquery.com/jquery-1.11.1.min.js"></script>
    <script src="https://code.jquery.com/mobile/1.4.5/jquery.mobile-1.4.5.min.js">
    </script>
</head>
```

2. 在 <body> 与 </body> 标签之间编写 jQuery Mobile 页面代码：

```html
<body>
    <div data-role="page" id="pageone" data-theme="a">
        <div data-role="header">
            <h1>页面头部</h1>
        </div>
        <div data-role="main" class="ui-content">
            <p>jQuery Mobile 1.4.5 版本中主题样式a</p>
            <a href="#">标准文本链接</a>
            <a href="#" class="ui-btn">链接按钮</a>
            <p>列表:</p>
            <ul data-role="listview" data-autodividers="true" data-inset="true">
                <li><a href="#">Adele</a></li>
                <li><a href="#">Billy</a></li>
            </ul>
            <label for="fullname">输入框:</label>
```

项目 5 —— jQuery Mobile 主题样式设置

        <input type="text" name="fullname" id="fullname" placeholder="名字..">

        <label for="switch">切换开关:</label>

        <select name="switch" id="switch" data-role="slider">

         <option value="on">On</option>

         <option value="off" selected>Off</option>

       </select>

    </div>

    <div data-role="footer">

      <h1>页面底部</h1>

    </div>

 </div>

</body>

3. 保存页面，在 Opera Mobile 模拟器中预览该页面，可以看到默认主题 a 的效果，如图 5-1 所示。注意：pageone 容器中属性 data-theme="a" 的设置。

图 5-1

— 103 —

4. 将 5-1-1.html 文件中的语句 data-theme="a" 修改为 data-theme="b"，将 <p>jQuery Mobile 1.4.5 版本中主题样式 a</p> 修改为 <p>jQuery Mobile 1.4.5 版本中主题样式 b</p>，并另存为 5-1-2.html，在 Opera Mobile 模拟器中预览该页面，可以看到默认主题 b 的效果，如图 5-2 所示。

图 5-2

提示：jQuery Mobile 早期的函数库提供了五种主题样式，即从 a～e，每种主题都有不同颜色的按钮、栏、内容块等，见表5-2。jQuery Mobile 中的一种主题由多种可见的效果和颜色构成。如果需定制应用程序的外观，可使用 data-theme 属性，并为该属性分配一个字母。

表 5-2 早期主题样式

描述	例子
a	默认。黑色背景、白色文本
b	蓝色背景、白色文本；灰色背景、黑色文本
c	亮灰色背景、黑色文本
d	白色背景、黑色文本
e	橙色背景、黑色文本

项目 5 —— jQuery Mobile 主题样式设置

5. 新建 5-1-3.html 文件，在 <head></head> 标签之间加载 jQuery Mobile 函数库代码：

<meta name="viewport" content="width=device-width, initial-scale=1">

<link rel="stylesheet" href="http://code.jquery.com/mobile/1.3.2/jquery.mobile-1.3.2.min.css">

<script src="http://code.jquery.com/jquery-1.8.3.min.js"></script>

<script src="http://code.jquery.com/mobile/1.3.2/jquery.mobile-1.3.2.min.js"></script>

6. 设置元素的 data-theme 属性以应用不同的主题效果，示例语句如下：

<div data-role="page" data-theme="a|b|c|d|e">

7. 五种样式效果如图 5-3 所示，子图 a）~ e）分别对应于表 5-2 中的样式。

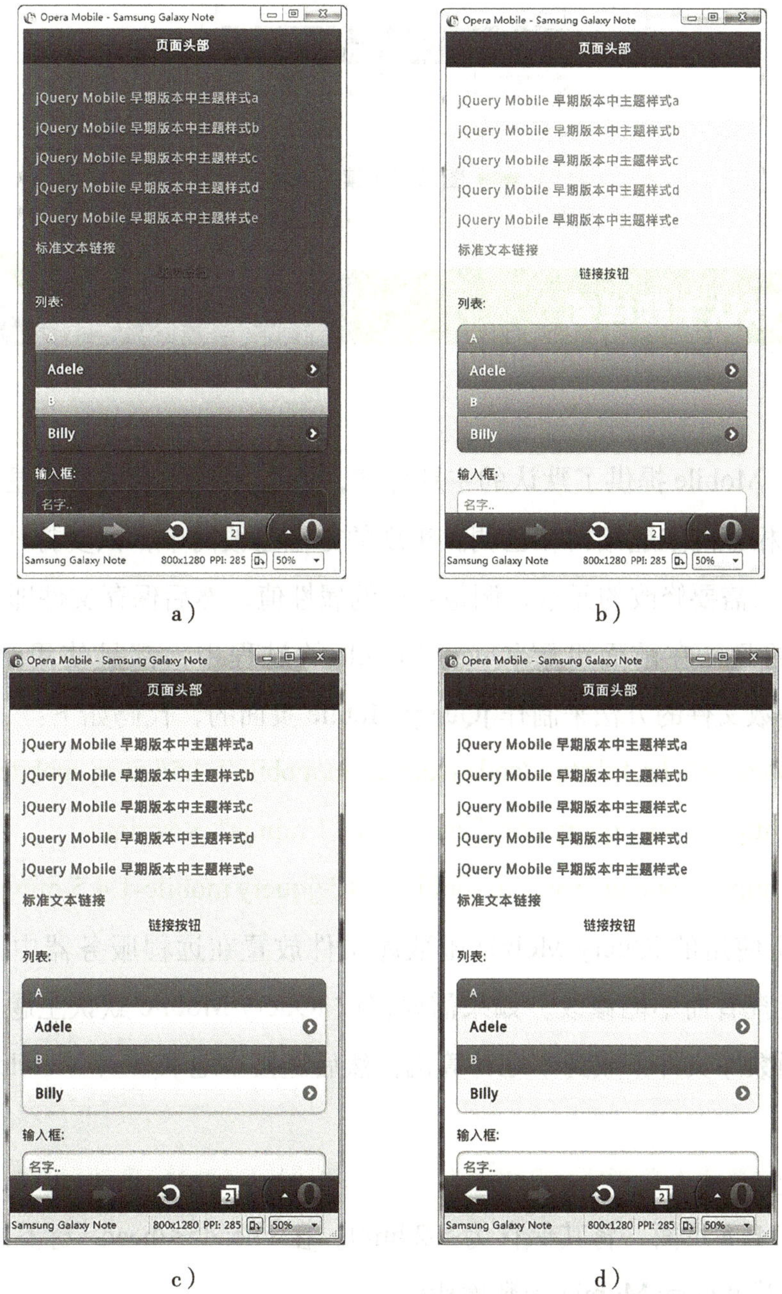

a）

b）

c）

d）

图 5-3

— 105 —

e）

图 5-3（续）

任务2 修改默认主题样式

任务分析

虽然 jQuery Mobile 提供了默认的主题样式，但大部分开发人员还是希望可以根据应用的需求来修改相应的主题结构和色调。实现的方法也很简单，只要打开定义主题的 CSS 样式表文件，找到需要修改的元素，调整对应的属性值，然后保存文件即可。

需要注意的是，在前面讲解 jQuery Mobile 的过程中，都是使用链接 URL 地址的 jQuery Mobile 函数文件的方法来制作 jQuery Mobile 页面的，代码如下：

`<link rel="stylesheet" href="http://code.jquery.com/mobile/1.4.5/jquery.mobile-1.4.5.min.css">`

`<script src="https://code.jquery.com/jquery-1.11.1.min.js"></script>`

`<script src="https://code.jquery.com/mobile/1.4.5/jquery.mobile-1.4.5.min.js"></script>`

这种方法所使用的 jQuery Mobile 函数库文件放置在远程服务器中，并非本地计算机中，所以只能查看而不能修改。如果需要修改 jQuery Mobile 默认主题样式，则需要将 jQuery Mobile 函数库文件下载到本地计算机，然后链接本地 jQuery Mobile 函数库文件。

任务实施

1. 新建 HTML5 页面，将其保存为 5-2.html。在 `<head></head>` 标签之间添加 `<meta>` 标签，设置和加载 jQuery Mobile 函数库代码：

项目 5 —— jQuery Mobile 主题样式设置

```
<meta charset="utf-8">
<title>修改默认头部栏和尾部栏效果</title>
<meta name="viewport" content="width=device-width,initial-scale=1">
<link href="5-2/jquery.mobile-1.4.5.css" rel="stylesheet" type="text/css">
<script src="5-2/jquery-1.11.1.min.js"></script>
<script src="5-2/jquery.mobile-1.4.5.min.js"></script>
```

2. 在 `<body>` 与 `</body>` 标签之间编写 jQuery Mobile 页面代码：

```
<div id="page1" data-role="page">
    <div data-role="header" class="bg01"><h1>头部标题</h1></div>
    <div data-role="content">
        <p>正文内容</p>
        <a href="#" data-role="button">按钮</a>
    </div>
    <div data-role="footer"><h4>页脚</h4></div>
</div>
```

3. 保存页面，在 Opera Mobile 模拟器中预览该页面，可以看到页面默认的外观效果，部分效果如图 5-4 所示。

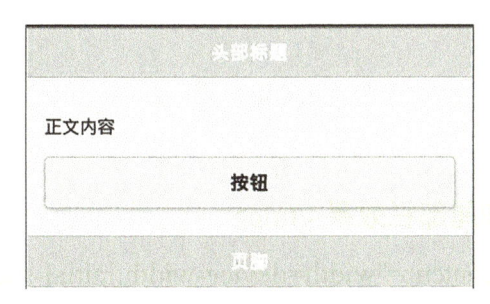

■ 图 5-4 ■

在 jQuery Mobile 默认的 CSS 样式表文件 jquery.mobile-1.4.5.css 中，找到名为 .ui-bar-a 的类 CSS 样式代码，如图 5-5 所示。

```
.ui-bar-a,
.ui-page-theme-a .ui-bar-inherit,
html .ui-bar-a .ui-bar-inherit,
html .ui-body-a .ui-bar-inherit,
html body .ui-group-theme-a .ui-bar-inherit {
    background-color: #e9e9e9 /*{a-bar-background-color}*/;
    border-color: #ddd /*{a-bar-border}*/;
    color: #333 /*{a-bar-color}*/;
    text-shadow: 0 1px 0 #eee;
    font-weight: bold;
}
```

■ 图 5-5 ■

4. 将图 5-5 所示的代码进行修改，如图 5-6 所示。在 Opera Mobile 模拟器中预览该页面，修改后的部分效果如图 5-7 所示。

```css
.ui-bar-a,
.ui-page-theme-a .ui-bar-inherit,
html .ui-bar-a .ui-bar-inherit,
html .ui-body-a .ui-bar-inherit,
html body .ui-group-theme-a .ui-bar-inherit {
    background-color: #ffc /*{a-bar-background-color}*/;
    border-color: #ddd /*{a-bar-border}*/;
    color: #000 /*{a-bar-color}*/;
    text-shadow: 0 1px 0 #eee;
    font-weight: bold;
}
```

图 5-6

图 5-7

5. 页面完整代码如下：

```html
<!doctype html>

<html>

<head>

<meta charset="utf-8">

<title>修改默认头部栏和尾部栏效果</title>

<meta name="viewport" content="width=device-width,initial-scale=1">

<link href="5-2/jquery.mobile-1.4.5.css" rel="stylesheet" type="text/css">

<script src="5-2/jquery-1.11.1.min.js"></script>

<script src="5-2/jquery.mobile-1.4.5.min.js"></script>

</head>


<body>

<div id="page1" data-role="page" data-theme="a">

    <div data-role="header" class="bg01"><h1>头部标题</h1></div>

    <div data-role="content">
```

项目 5 —— jQuery Mobile 主题样式设置

```
            <p>正文内容</p>
            <a href="#" data-role="button">按钮</a>
        </div>
        <div data-role="footer"><h4>页脚</h4></div>
    </div>
</body>
</html>
```

任务3 自定义主题样式

任务分析

修改系统默认的主题，实现方法十分简单。但由于是对源 CSS 样式文件进行的修改，因此当每次版本更新后，都需要对新版本的文件重新覆盖修改好的代码，操作不是很方便。针对该问题，可以重新编写一个单独的 CSS 文件，专门用于定义页面与组件的主题样式。该 CSS 文件与系统文件同时并存，实现用户自定义主题的功能。用户可通过编辑 CSS 文件（如已下载 jQuery Mobile）来添加或编辑新主题，只需复制一段样式，并用字母名（f~z）来对类进行重命名，然后调整为自己喜欢的颜色和字体即可。

在 jQuery Mobile 中可以自定义主题类，可以定义到字母 z。表 5-3 列出了 jQuery Mobile 页面中可以用的主题类，字母（a~z）表示 CSS 样式可以指定 a~z，如 ui-bar-a 或 ui-bar-b 等。

表 5-3 组件样式命名

类样式名称	说明
ui-page-theme-(a~z)	用于设置页面整体
ui-bar-(a~z)	用于设置页面头部栏、尾部栏以及其他栏目
ui-body-(a~z)	用于设置页面内容块，包括列表视图、弹窗、侧栏、面板等
ui-btn-(a~z)	用于设置按钮
ui-group-theme-(a~z)	用于设置列表组和可折叠空间的主题样式
ui-overlay-(a~z)	用于设置页面背景颜色，包括对话框、弹出窗口和其他出现在最顶层的页面容器

任务实施

1. 新建 HTML5 页面，将其保存为 5-3.html。在 <head></head> 标签之间添加 <meta> 标签，设置和加载 jQuery Mobile 函数库代码：

```
<head>
<meta charset="utf-8">
<title>自定义主题样式</title>
<meta name="viewport" content="width=device-width,initial-scale=1">
<link href="5-3/jquery.mobile-1.4.5.css" rel="stylesheet" type="text/css">
<script src="5-3/jquery-1.11.1.min.js"></script>
<script src="5-3/jquery.mobile-1.4.5.min.js">
</script>
</head>
```

2. 在 <body> 与 </body> 标签中编写 jQuery Mobile 页面代码：

```
<body>
<div id="page1" data-role="page" >
    <div data-role="header" class="bg01" ><h1>头部标题</h1></div>
    <div data-role="content" >
        <p>正文内容</p>
        <a href="#" data-role="button">按钮</a>
    </div>
    <div data-role="footer" ><h4>页脚</h4></div>
</div>
</body>
```

3. 新建外部 CSS 样式表文件，将其保存为 5-3-1.css。在 <head> 与 </head> 标签之间添加 <link> 标签来链接刚创建的 CSS 样式表文件。

```
<link href="style/5-3-1.css" rel="stylesheet" type="text/css">
```

4. 在外部 CSS 样式表文件中创建相应的 CSS 样式，对 jQuery Mobile 页面的元素进行控制，代码如下：

```
ui-bar-f {
    color: red;
    background-color: yellow;
}
```

— 110 —

项目 5 —— jQuery Mobile 主题样式设置

```css
ui-body-f {
    font-weight: bold;
    color: white;
    background-color: purple;
}
ui-page-theme-f {
    font-weight: bold;
    background-color: green;
}
```

5. 返回 jQuery Mobile 页面中，分别在页面、头部栏、尾部栏等容器标签中设置属性 data-theme="f"，代码如下：

```html
<body>
<div id="page1" data-role="page" >
    <div data-role="header" class="bg01" data-theme="f"><h1>头部标题</h1></div>
    <div data-role="content" data-theme="f">
        <p>正文内容</p>
        <a href="#" data-role="button">按钮</a>
    </div>
    <div data-role="footer" data-theme="f"><h4>页脚</h4></div>
</div>
</body>
```

6. 在 Opera Mobile 模拟器中预览该页面，可以看到页面的效果，部分效果如图 5-8 所示。

图 5-8

7. 页面完整代码如下：

```html
<!doctype html>
```

```html
<html>
<head>
<meta charset="utf-8">
<title>自定义主题样式</title>
<meta name="viewport" content="width=device-width,initial-scale=1">
<link href="5-3/jquery.mobile-1.4.5.css" rel="stylesheet" type="text/css">
<script src="5-3/jquery-1.11.1.min.js"></script>
<script src="5-3/jquery.mobile-1.4.5.min.js">
</script>
<link href="style/5-3-1.css" rel="stylesheet" type="text/css">
</head>

<body>
<div id="page1" data-role="page" >
    <div data-role="header" class="bg01" data-theme="f"><h1>头部标题</h1></div>
    <div data-role="content" data-theme="f">
        <p>正文内容</p>
        <a href="#" data-role="button">按钮</a>
    </div>
    <div data-role="footer" data-theme="f"><h4>页脚</h4></div>
</div>
</body>
</html>
```

知识补充

- 在 JQuery Mobile 中，每一个页面中的布局和组件都被设计成一个全新的面向对象的主题。

- 整个站点或应用的视觉风格可以通过 CSS 框架得到统一。统一后的视觉设计主题称为 jQuery Mobile 主题样式系统。

项目小结

本项目主要介绍了 jQuery Mobile 主题样式的相关内容，包括 jQuery Mobile 的默认主题样式的使用、默认主题的修改和自定义主题样式的方法。

完成本项目的学习，读者应对 jQuery Mobile 主题有一定的了解，并能够创建出更好的 jQuery Mobile 主题。

项目 6 ——jQuery Mobile 事件处理

项目概述

本项目介绍了常用的 jQuery Mobile 事件，并通过 jQuery Mobile API 拓展事件，可以在常用的页面触碰、滚动、加载、显示与隐藏事件中，编写代码实现事件触发时需要完成的功能。本项目将对这些具体事件的使用方法与技巧进行介绍。

项目分析

本项目介绍了 jQuery Mobile 事件的名称和触发条件，并通过 jQuery 编写事件响应代码。编写事件响应代码的关键是使事件与响应函数相对应。

任务1 页面事件——页面切换

任务分析

页面事件包括页面的显示和隐藏事件、加载外部页面事件和页面切换事件。

1. 页面显示和隐藏事件。当不同页面或同一个页面的不同容器间相互切换时，会触发页面的显示与隐藏事件，具体包含以下四种事件类型：

① pagebeforeshow（页面显示前事件）：页面显示前，正在切换时触发。

② pagebeforehide（页面隐藏前事件）：页面隐藏前，正在切换时触发。

③ pageshow（页面显示完成事件）：当页面切换完成时触发。

④ pagehide（页面隐藏完成事件）：当页面隐藏完成时触发。

pagebeforeshow 事件使用方法如下。

$(document).on("pagebeforeshow","page2",function(){alert("页面正在加载…");})

其中，page2 为即将显示的页面，其他事件使用方法类似。

项目 6 —— jQuery Mobile 事件处理

2. 加载外部页面事件。 外部页面加载时可能会触发以下三个事件：

① pagebeforeload（页面加载前事件）：页面加载前，正在加载时触发。

② pageload（页面载入成功事件）：页面载入成功时触发。

③ pageloadfailed（页面载入失败事件）：页面载入失败时触发。

pageload 事件的使用方法如下。

$(document).on("pageload", function(event,data){alert("页面载入成功");})

其中，event 可以是任何 jQuery 的事件属性，data 可以是页面 URL 地址等数据。

pageloadfailed 事件的使用方法如下。

$(document).on("pageloadfailed", function(event,data){alert("页面加载失败");})

其中，event 可以是任何 jQuery 的事件属性，data 可以是页面 URL 地址等数据。

3. 页面切换事件。 在 jQuery Mobile 页面中，各个页面间切换会显示相应的动画过渡效果，使得页面切换更加美观自然。

jQuery Mobile 中切换页面的语法格式如下：

$(":mobile-pagecontainer").pagecontainer("change",to,[option]);

to 属性用来设置想要切换的目标页面，其值必须是字符串或者 DOM 对象。内部页面可以直接指定 DOM 对象的 id 名称。例如，要切换为 id 名称为 pageone 的页面，可以写成"#pageone"；要链接外部页面，必须以字符串方式表示，如 index2.html。

option 属性可以不写。

页面切换事件的属性见表 6-1。

表 6-1 页面切换事件的属性

属性值	说明
allowSamePageTransion	是否允许切换到当前页面，默认值为 false
changeHash	是否更新浏览记录。如果将该属性设置为 false，则当前的页面浏览记录会被清除，用户无法通过"上一页"按钮返回。默认值为 true
dataUrl	更新地址栏的 URL
loadMsgDelay	加载画面延迟时间，单位为 ms（毫秒），默认值为 50。如果页面在此秒数之前加载完成，那么就不会显示正在加载中的信息画面
reload	当页面已经在 DOM 中时，是否要将页面重新加载，默认值为 false
reverse	页面切换效果是否需要反向，如果设置为 true，则页面转场方向与正常方向相反。默认值为 false
showLoadMsg	加载外部页面时是否要显示 loading（下载）信息，默认值为 true
transition	切换页面时使用的过渡动画效果
type	当 to 属性的目标页面是 URL 时，指定 HTTP Method 使用 get 或 post，默认值为 get

表 6-1 中，transition 属性用来指定页面过渡动画效果，共六种效果，见表 6-2 所示。

表 6-2 transition 属性过渡动画效果

属性值	说明
slide	从右到左过渡
slideup	从下到上过渡
slidedown	从上到下过渡
pop	从小点到全屏幕过渡
fade	淡入淡出过渡
flip	2D 或 3D 旋转动画过渡，只有支持 3D 效果的设备才能使用

本任务通过 pagebeforeshow 事件、pagehide 事件以及 transition 属性的设置实现页面切换过渡效果。

任务实施

1. 新建一个 HTML5 页面，将其保存为 6-1.html。在 <head></head> 标签中间添加 <meta> 标签，加载 jQuery Mobile 函数库代码，代码省略。

2. 在 <body> 与 </body> 标签之间编写如下页面文件代码：

```
<div id="p1" data-role="page"  class="demo">
<div data-role="header">
<h1>网站导航</h1>
</div>
<div data-role="content">
<ul data-role="listview">
    <li><a href="#p2" id="to2">关于我们</a></li>
    <li><a href="#">服务范围</a></li>
    <li><a href="#">向我们反馈</a></li>
</ul>
</div>
<div data-role="footer"><h4>我们的服务</h4></div>
</div>
<div id="p2" data-role="page" class="demo">
<div data-role="header">
```

```
<a href="#p1" data-transition="pop">返回</a>
<a href="#p1"    id="to1">第一页</a>
<h1>关于我们</h1>
</div>
<div data-role="content">
<p>在这里赚取收入是件简单的事。您只需创建房源，然后房客就能通过搜索找到您的房源，并根据房源的空闲状况进行预订。您还可以管理日历和设置，与房客沟通、直接收款。
<p>
</div>
<div data-role="footer"><h4>关于我们</h4></div>
</div>
```

3. 在页面头部 `<head>` 与 `</head>` 标签之间添加相应的 JavaScript 脚本代码：

```
<script type="text/javascript">
    $(document).on("pagebeforeshow","#p1",function(){
        alert("欢迎访问！");
    });
    $(document).on("pagehide","#p1",function(){
        alert("即将离开导航页！");
    });
    $(document).one("pagecreate",".demo",function(){
        $("#to2").on("click",function(){
            $(":mobile-pagecontainer").pagecontainer("change","#p2",{
                transition:"pop"
            });
        });
        $("#to1").on("click",function(){
            $(":mobile-pagecontainer").pagecontainer("change","#p1",{
                transition:"slidedown"
            });
        });
    })
</script>
```

在上面的 JavaScript 代码中，在 id 为 p1 的页面显示之前，弹出对话框并显示内容"欢迎访问！"，离开 id 为 p1 的页面时显示"即将离开导航页！"。单击 id 为 to2 的超链接时，页面切换的动画过渡效果为 pop，单击 id 为 to1 的超链接时，页面切换的动画过渡效果为 slidedown。这里设置的动画过渡效果不会对页面中其他超链接所产生的页面切换动画过渡效果产生影响。

4. 保存页面，在 Opera Mobile 模拟器中预览该页面，可以看到弹出对话框，如图 6-1 所示。单击"确认"按钮后，可以看到页面的显示效果，如图 6-2 所示。单击图 6-2 所示页面中的"关于我们"链接文字时，会弹出对话框，如图 6-3 所示。单击"确认"按钮，会从小点到全屏幕过渡到下一页，如图 6-4 所示。单击图 6-3 所示页面中的"第一页"按钮时，会由上往下滑入过渡到第一页。

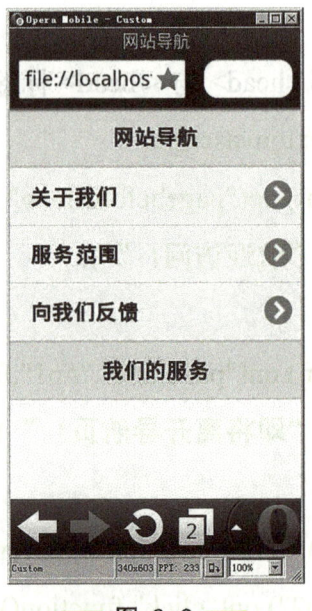

图 6-1

图 6-2

图 6-3

图 6-4

项目6 —— jQuery Mobile 事件处理

> 提示：除了可以使用jQuery代码的方式改变页面切换效果外，还可直接在超链接<a>标签中添加data-transition属性来设置页面切换效果。

5. 完成切换页面制作，完整代码如下：

```html
<!doctype html>
<html>
<head>
<meta charset="utf-8"/>
<title>第一个jQuery Mobile页面</title>
<meta name="viewport" content="width=device-width,initial-scale=1">
<link rel="stylesheet" href="http://code.jquery.com/mobile/1.4.5/jquery.mobile-1.4.5.min.css">
<script src="http://code.jquery.com/jquery-1.11.1.min.js"></script>
<script src="http://code.jquery.com/mobile/1.4.5/jquery.mobile-1.4.5.min.js"></script>


<script type="text/javascript">
    $(document).on("pagebeforeshow","#p1",function(){
            alert("欢迎访问！");
        });
    $(document).on("pagehide","#p1",function(){
            alert("即将离开导航页！");
        });
    $(document).one("pagecreate",".demo",function(){
        $("#to2").on("click",function(){
        $(":mobile-pagecontainer").pagecontainer("change","#p2",{
            transition:"pop"
            });
        });
        $("#to1").on("click",function(){
        $(":mobile-pagecontainer").pagecontainer("change","#p1",{
            transition:"slidedown"
            });
```

— 119 —

```
        });
      })
</script>


</head>


<body>
    <div id="p1" data-role="page"  class="demo">
    <div data-role="header">
    <h1>网站导航</h1>
    </div>
    <div data-role="content">
    <ul data-role="listview">
        <li><a href="#p2" id="to2">关于我们</a></li>
        <li><a href="#">服务范围</a></li>
        <li><a href="#">向我们反馈</a></li>
    </ul>
    </div>
    <div data-role="footer"><h4>我们的服务</h4></div>
</div>
<div id="p2" data-role="page" class="demo">
    <div data-role="header">
    <a href="#p1" data-transition="pop">返回</a>
    <a href="#p1"  id="to1">第一页</a>
    <h1>关于我们</h1>
    </div>
    <div data-role="content">
        <p>在这里赚取收入是件简单的事。您只需创建房源，然后房客就能通过搜索找到您的房源，并根据房源的空闲状况进行预订。您还可以管理日历和设置，与房客沟通、直接收款。<p>
    </div>
```

```
<div data-role="footer"><h4>关于我们</h4></div>
</div>


</body>
</html>
```

任务2 触摸事件——滑动屏幕浏览图片

任务分析

在 jQuery Mobile 中，触摸事件包括以下五种：

① tap(轻击)事件：用户完成一次快速完整的轻击页面屏幕时触发。

② taphold(轻击不放)事件：用户完成一次轻击页面屏幕不放(约 1s)时触发。

③ swipe(滑动)事件：用户在 1s 内水平拖动距离大于 30px 时触发。

④ swipeleft(向左滑动)事件：用户向左侧滑动屏幕大于 30px 时触发。

⑤ swiperight(向右滑动)事件：用户向右侧滑动屏幕大于 30px 时触发。

五种事件的调用方法类似，下面以 tap 事件为例。

```
$("div").on("tap",function(){
$(this).hide();
})
```

以上代码表示当在屏幕中轻击了 div 对象后，该 div 就会隐藏。在代码中，将"tap"换成其他的事件名，就会在发生其他事件时调动 function () 函数。

本任务通过 swipeleft 和 swiperight 事件实现滑动浏览图片功能。

任务实施

1. 新建一个 HTML5 页面，将其保存为 6-2.html。在 <head></head> 标签中间添加 <meta> 标签，加载 jQuery Mobile 函数库代码，代码省略。

2. 在 <body> 与 </body> 标签之间编写如下页面文件代码：

```
       <div id="page1" data-role="page" data-theme="b">
<div data-role="header">
       <h1>摄影作品欣赏</h1>
</div>
<div data-role="content">
```

```html
<div class="s">
    <ul id="s">
        <li><img src="images/6-2-1.jpg" alt="" class="imgs"></li>
        <li><img src="images/6-2-2.jpg" alt="" class="imgs"></li>
        <li><img src="images/6-2-3.jpg" alt="" class="imgs"></li>
        <li><img src="images/6-2-4.jpg" alt="" class="imgs"></li>
        <li><img src="images/6-2-5.jpg" alt="" class="imgs"></li>
    </ul>
</div>
</div>
<div data-role="footer"><h4>页脚</h4></div>
</div>
```

3. 保存页面，在页面 \<head\>\</head\> 中间添加链接 CSS 样式表代码：

```html
<link rel="stylesheet" href="6-2.css" />
```

4. 在网页同一目录下新建样式表文件 6-2.css，并在其中添加代码，调整图片显示效果。保存页面，在模拟器中预览该页面，可以看到页面效果，添加的代码和部分页面效果如图 6-5 所示。

```css
@charset "utf-8";
/* CSS Document */
body {
    margin: 0px;
    padding: 0px;
}
.s {
    position: relative;
    height: 430px;
    margin: 0 auto;
}
.s ul {
    position: absolute;
    width: 3000px;
    overflow: hidden;
    top: 0px;
    left: 0px;
}
.s li {
    list-style-type: none;
    display: inline-block;
    float: left;
    position: relative;
    margin: 0px 8px 0px 7px;
}
.imgs{
    cursor: pointer;
    border: solid 1px #FFF;
}
```

图 6-5

5. 在页面代码的后面添加相应的 JavaScript 脚本代码，通过 swipeleft 与 swiperight 事件实现在屏幕中左右滑动浏览图片的效果，代码如下：

```javascript
<script type="text/javascript">
// 全局命名空间
    var simg = {
        $index: 0,
        $width: 320,
        $swipt: 0,
        $length: 5
    }
    var $imgul = $("#s");
    $(".imgs").each(function() {
        $(this).swipeleft(function() {
            if (simg.$index < simg.$length) {
                simg.$index++;
                simg.$swipt = -simg.$index * simg.$width;
                $imgul.animate({ left: simg.$swipt }, "slow");
            }
        }).swiperight(function() {
            if (simg.$index > 0) {
                simg.$index--;
                simg.$swipt = -simg.$index * simg.$width;
                $imgul.animate({ left: simg.$swipt }, "slow");
            }
        })
    })
</script>
```

在上面的 JavaScript 代码中，首先定义一个全局对象 simg，该对象中定义了需要使用的变量。用 $imgul 变量取得 id 为 s 的 ul 对象。

通过图片的类调用 each() 方法遍历全部图片，在遍历时通过 $(this) 对象获取当前图片元素，并将它与 swipeleft 和 swiperight 事件进行绑定。

在 swipeleft 事件中，先判断图片的索引变量 simg.$index 值是否小于图片数量

simg.$length，以保证不会超出图片范围。如果没有超出范围，则索引值加 1，然后计算出需要滑动的位置并保存在 simg.$swipt 中。最后调用相应 ul 对象的 animate() 方法，以漫动画的方式向左边移动指定的长度。

在 swiperight 事件中，先判断图片的索引变量 simg.$index 值是否大于 0，以保证不会超出图片范围。如果没有超出范围，则索引值减 1，然后计算出需要滑动的位置并保存在 simg.$swipt 中。最后调用相应 ul 对象的 animate() 方法，以漫动画的方式向左边移动指定的长度。

6. 保存页面，在 Opera Mobile 模拟器中预览该页面，可以左右滑动屏幕来浏览图片，部分效果如图 6-6 所示。

图 6-6

提示：图片每次滑动的位置都不一样，其位置和图片的索引相关；另外，图片加载完成后显示的是最左侧的图片，因此只能先从右往左滑动，然后才能从左往右滑动。读者可以根据图片大小和数量自行设置滑动距离。

7. 完成滑动屏幕浏览图片页面制作，完整代码如下：

```
<!doctype html>
<html>
<head>
<meta charset="utf-8">
<title>滑动屏幕浏览图片</title>
<meta name="viewport" content="width=device-width,initial-scale=1">
<link rel="stylesheet" href="http://code.jquery.com/mobile/1.4.5/jquery.mobile-1.4.5.min.css" />
```

项目6 —— jQuery Mobile 事件处理

```html
<script src="http://code.jquery.com/jquery-1.11.1.min.js"></script>
<script src="http://code.jquery.com/mobile/1.4.5/jquery.mobile-1.4.5.min.js"></script>
<link rel="stylesheet" href="6-2.css" />
```

```html
</head>

<body>
<div id="page1" data-role="page" data-theme="b">
    <div data-role="header">
        <h1>摄影作品欣赏</h1>
    </div>
    <div data-role="content">
        <div class="s">
            <ul id="s">
                <li><img src="images/6-2-1.jpg" alt="" class="imgs"></li>
                <li><img src="images/6-2-2.jpg" alt="" class="imgs"></li>
                <li><img src="images/6-2-3.jpg" alt="" class="imgs"></li>
                <li><img src="images/6-2-4.jpg" alt="" class="imgs"></li>
                <li><img src="images/6-2-5.jpg" alt="" class="imgs"></li>
            </ul>
        </div>
    </div>
    <div data-role="footer"><h4>页脚</h4></div>
</div>
<script type="text/javascript">
// 全局命名空间
var simg = {
    $index: 0,
    $width: 320,
    $swipt: 0,
    $length: 5
```

```
        }
        var $imgul = $("#s");
        $(".imgs").each(function() {
            $(this).swipeleft(function() {
                if (simg.$index < simg.$length) {
                    simg.$index++;
                    simg.$swipt = -simg.$index * simg.$width;
                    $imgul.animate({ left: simg.$swipt }, "slow");
                }
            }).swiperight(function() {
                if (simg.$index > 0) {
                    simg.$index--;
                    simg.$swipt = -simg.$index * simg.$width;
                    $imgul.animate({ left: simg.$swipt }, "slow");
                }
            })
        })
    </script>
    </body>
</html>
```

任务3 屏幕滚动事件——切换背景

任务分析

在 jQuery Mobile 中，屏幕滚动事件包括以下两种：

① scrollstart（开始滚动）事件：用户开始屏幕滚动时触发。

② scrollstop（停止滚动）事件：用户停止屏幕滚动时触发。

本任务通过 scrollstart 事件和 scrollstop 事件实现通过屏幕滚动来切换背景的功能。

任务实施

1. 新建一个 HTML5 页面，将其保存为 6-3.html。在 <head></head> 标签中间添加 <meta> 标签，加载 jQuery Mobile 函数库代码，代码省略。

项目6 —— jQuery Mobile 事件处理

2. 在 <body> 与 </body> 标签之间编写如下页面文件代码：

```
<div id="page1" data-role="page">
<div data-role="header"><h1>关于我们</h1></div>
<div data-role="content">
    <div id="main">
    <h2><img src="images/logo.jpg" alt=""></h2>
    <p>大连启华财务咨询有限公司是一家提供专业化的审计、资产评估、税务咨询、代理记账、财税培训等服务的咨询公司，本公司人员具有丰富的审计和财税咨询经验，以及良好的工商、税务、银行等社会关系，可以帮助企业用最少的支出获得最大的财务收益。本公司的主要业务：</p>
    <p>1.审计：财务外审和内审，除常规的审计外，可以为企业提出有建设性的改进意见，帮助企业在财务管理方面不断完善。</p>
    <p>2.资产评估。</p>
    <p>3.税务咨询、税务鉴证：除常规的税务鉴证外，本公司更致力于为企业提供税务自检、税收筹划、税务棘手问题解决，解除企业税务方面的后顾之忧。</p>
    <p>4.代理记账：本公司有丰富经验的财务专家团队为企业财税把关，让企业用最少的资金获得最大的财务支持。</p>
    <p>5.财税培训：本公司有国内知名的财税专家团队可以为房地产企业和建筑施工企业提供专业化的财税培训。</p>
    <p>6.其他业务：企业乱账、旧账的清理，企业收购股权前的财务咨询等。</p>
    <p>大连启华财务咨询有限公司将以专业、贴心的服务，解决中小企业经营中的财务问题，成为您企业发展壮大的好帮手。</p>    <br>
    <div id="xs"></div>
    </div>
</div>
<div data-role="footer"><h4>页脚</h4></div>
</div>
```

3. 保存页面，在页面 <head></head> 中间添加链接 CSS 样式表代码：

```
<link rel="stylesheet" href="6-3.css" />
```

4. 在网页同一目录下新建样式表文件 6-3.css，并在其中添加代码，调整图片显示效果。保存页面，在模拟器中预览该页面，可以看到页面效果，代码和页面效果如图 6-7 所示。

```css
@charset "utf-8";
/* CSS Document */
* {
    margin: 0px;
    padding: 0px;
}
#main {
    width: 100%;
    height: auto;
    overflow: hidden;
    font-family:"华文隶书";
    font-size: 14px;
}
#main p {
    text-indent: 2px;
    padding: 0px 10px 0px 10px;
}
#main h2 {
    display: block;
    text-align: center;
}
```

图 6-7

5. 添加相应的 JavaScript 脚本代码，通过 scrollstart 事件与 scrollstop 事件实现在页面中相应的区域开始滚动和停止滚动时改变文字颜色和背景颜色，代码如下：

```javascript
<script type="text/javascript">
    $(function(){
        $("#main").on("scrollstart",function(){      //触发开始滚动事件
            $("#main").css("background-color","#F48521");//改变元素背景颜色
            $("#main").css("color","#FFFFFF");       //改变元素文本颜色
        });
        $("#main").on("scrollstop",function(){       //触发结束滚动事件
            $("#main").css("background-color","# CFEBF4 ");//改变元素背景颜色
            $("#main").css("color","#1D718B");       //改变元素文本颜色
            $("#xs").html("滚动结束");              //为div赋予内容
        });
    })
</script>
```

在上面的 JavaScript 代码中，当页面中 id 为"main"的元素开始滚动时触发 scrollstart 事件，在该事件中改变 id 为"main"的 div 中的背景颜色和文字颜色。

当页面中 id 为"main"的元素停止滚动时触发 scrollstop 事件，在该事件中对 id 为"main"的 div 中的背景颜色和文字颜色进行重新设置，并在页面底部的 div 中显示"滚动结束"字样。

项目 6 —— jQuery Mobile 事件处理

6. 保存页面，在 Opera Mobile 模拟器中预览页面，可以看到页面默认的效果，部分效果如图 6-8 所示。在内容区域进行滚动操作，可以看到触发滚动开始事件时内容区域的背景颜色和文字颜色发生改变，如图 6-9 所示。停止滚动操作，可以看到触发滚动停止事件时内容区域的背景颜色和文字颜色改变，并在页面底部的 div 中显示"滚动结束"，如图 6-10 所示。

图 6-8　　　　　　　图 6-9　　　　　　　图 6-10

提示：IOS 系统中屏幕在滚动时将停止 DOM 操作，因此在这样的系统中屏幕滚动事件将无效。

7. 完成切换背景页面制作，完整代码如下：

```
<!doctype html>
<html>
<head>
<meta charset="utf-8">
<title>实现滚动改变元素背景样式</title>
<meta name="viewport" content="width=device-width,initial-scale=1">
<link rel="stylesheet" href="http://code.jquery.com/mobile/1.4.5/jquery.mobile-1.4.5.min.css" />
<script src="http://code.jquery.com/jquery-1.11.1.min.js"></script>
<script src="http://code.jquery.com/mobile/1.4.5/jquery.mobile-1.4.5.min.js"></script>
<link rel="stylesheet" href="style/18-2-3.css" />
<script type="text/javascript">
```

```
$(function(){
    $("#main").on("scrollstart",function(){        //触发开始滚动事件
        $("#main").css("background-color","#F48521");//改变元素背景颜色
        $("#main").css("color","#FFFFFF");         //改变元素文本颜色
    });
    $("#main").on("scrollstop",function(){         //触发结束滚动事件
        $("#main").css("background-color","#CFEBF4");//改变元素背景颜色
        $("#main").css("color","#1D718B");         //改变元素文本颜色
        $("#xs").html("滚动结束");                  //为元素赋予内容
    });
})
</script>
</head>

<body>
<div id="page1" data-role="page">
    <div data-role="header"><h1>关于我们</h1></div>
    <div data-role="content">
        <div id="main">
            <h2><img src="images/logo.jpg" alt=""></h2>
            <p>大连启华财务咨询有限公司是一家提供专业化的审计、资产评估、税务咨询、代理记账、财税培训等服务的咨询公司，本公司人员具有丰富的审计和财税咨询经验，以及良好的工商、税务、银行等社会关系，可以帮助企业用最少的支出获得最大的财务收益。本公司的主要业务：</p>
            <p>1. 审计：财务外审和内审，除常规的审计外，可以为企业提出有建设性的改进意见，帮助企业在财务管理方面不断完善。</p>
            <p>2. 资产评估。</p>
            <p>3. 税务咨询、税务鉴证：除常规的税务鉴证外，本公司更致力于为企业提供税务自检、税收筹划、税务棘手问题解决，解除企业税务方面的后顾之忧。</p>
            <p>4. 代理记账：本公司有丰富经验的财务专家团队为企业财税把关，让企业用最少的资金获得最大的财务支持。</p>
```

项目 6 —— jQuery Mobile 事件处理

      \<p>5. 财税培训：本公司有国内知名的财税专家团队可以为房地产企业和建筑施工企业提供专业化的财税培训。\</p>
      \<p>6. 其他业务：企业乱账、旧账的清理，企业收购股权前的财务咨询等。\</p>
      \<p>大连启华财务咨询有限公司将以专业、贴心的服务，解决中小企业经营中的财务问题，成为您企业发展壮大的好帮手。\</p>
      \
      \<div id="xs">\</div>
    \</div>
    \</div>
    \<div data-role="footer">\<h4>页脚\</h4>\</div>
  \</div>
  \</body>
\</html>

任务4 翻转事件——依据手持方向翻转屏幕

任务分析

  在 jQuery Mobile 的事件中，当用户手持移动设备的方向发生变化，即横向或纵向改变时，将触发 orientationchange 事件。在该事件中，通过获取回调函数的 orientation 属性，可以得到用户手持设备的当前方向。该属性有两个值，即 portrait 和 landscape，前者表示纵向垂直，后者表示横向水平。

  本任务通过 orientationchange 事件实现依据手持方向翻转屏幕的功能。

任务实施

  1. 新建一个 HTML5 页面，将其保存为 6-4.html。在 \<head>\</head> 标签中间添加 \<meta> 标签，加载 jQuery Mobile 函数库代码，代码省略。

  2. 在 \<body> 与 \</body> 标签之间编写如下页面文件代码：

\<div id="page1" data-role="page">
\<div data-role="header">\<h1>关于我们\</h1>\</div>
\<div data-role="content">
  \<div id="main">

```
            <div id="xs"></div>
              <h2><img src="images/logo.jpg" alt=""></h2>
              <p>大连启华财务咨询有限公司是一家提供专业化的审计、资产评估、税务咨询、代理记账、财税培训等服务的咨询公司，本公司人员具有丰富的审计和财税咨询经验，以及良好的工商、税务、银行等社会关系，可以帮助企业用最少的支出获得最大的财务收益。本公司的主要业务：</p>
              <p>1. 审计：财务外审和内审，除常规的审计外，可以为企业提出有建设性的改进意见，帮助企业在财务管理方面不断完善。</p>
              <p>2. 资产评估。</p>
              <p>3. 税务咨询、税务鉴证：除常规的税务鉴证外，本公司更致力于为企业提供税务自检、税收筹划、税务棘手问题解决，解除企业税务方面的后顾之忧。</p>
              <p>4. 代理记账：本公司有丰富经验的财务专家团队为企业财税把关，让企业用最少的资金获得最大的财务支持。</p>
              <p>5. 财税培训：本公司有国内知名的财税专家团队可以为房地产企业和建筑施工企业提供专业化的财税培训。</p>
              <p>6. 其他业务：企业乱账、旧账的清理，企业收购股权前的财务咨询等。</p>
              <p>大连启华财务咨询有限公司将以专业、贴心的服务，解决中小企业经营中的财务问题，成为您企业发展壮大的好帮手。</p>   <br>
            </div>
         </div>
         <div data-role="footer"><h4>页脚</h4></div>
      </div>
```

3. 保存页面，在页面 <head></head> 中间添加链接 CSS 样式表代码：

```
<link rel="stylesheet" href="6-4.css" />
```

4. 在网页同一目录下新建样式表文件 6-4.css，并在其中添加代码，调整图片显示效果。保存页面，在模拟器中预览该页面，可以看到页面效果，代码和页面效果如图 6-11 所示。

项目 6 —— jQuery Mobile 事件处理

```css
@charset "utf-8";
/* CSS Document */
* {
    margin: 0px;
    padding: 0px;
}
#main {
    width: auto;
    height: auto;
    overflow: hidden;
    background-color: #FFF;
    padding: 10px;
    font-family:"隶书";
    font-size: 14px;
    line-height: 25px;
    text-shadow: none;
}
#main img {
    width: 100%;
    height: auto;
}
#main p {
    text-indent: 2em;
}
#main h2{
    font-size: 16px;
    font-weight: bold;
    padding: 0px 10px 0px 10px;
}
#main #xs {
    display: block;
    text-align: center;
    font-weight: bold;
    line-height: 30px;
}
```

图 6-11

5. 添加相应的 JavaScript 脚本代码，通过 orientationchange 事件监测手持方向改变，手持方向一旦改变，就改变背景颜色并显示当前的屏幕宽度，代码如下：

```javascript
<script type="text/javascript">
$(document).on("pageinit",function(event){
    $(window).on("orientationchange",function(event){
        if(event.orientation=="landscape") {
$("#xs").html("现在是水平模式！屏幕宽度为:"+$(window).width());
            $("#main").css("background-color","#F0FBFF");         }
        if(event.orientation=="portrait") {
$("#xs").text("现在是垂直模式！屏幕宽度为:"+$(window).width());
            $("#main").css("background-color","#FFFFFF");
        }
    });
})
```

\</script>

在上面的 JavaScript 代码中，页面加载时，为这个屏幕窗口的 window 元素绑定 orientationchange 事件。当通过回调函数的 orientation 属性检测用户的手持方向时，如果是 landscape，则在 id 为"xs"的 div 中显示内容"现在是水平模式！屏幕宽度为：屏幕实际宽度"（"屏幕实际宽度"在显示时为数字），并且改变正文的背景颜色；如果是 portrait，则在 id 为"xs"的 div 中显示内容"现在是垂直模式！屏幕宽度为：屏幕实际宽度"（"屏幕实际宽度"在显示时为数字）。

6. 保存页面，在 Opera Mobile 模拟器中预览页面，可以看到页面默认是垂直显示的，部分效果如图 6-12 所示。单击模拟器下方的旋转设备屏幕按钮，可以看到当设备屏幕为水平方向时的页面效果，部分效果如图 6-13 所示。再次单击该按钮，可以将设备屏幕转换为垂直方向，部分效果如图 6-14 所示。

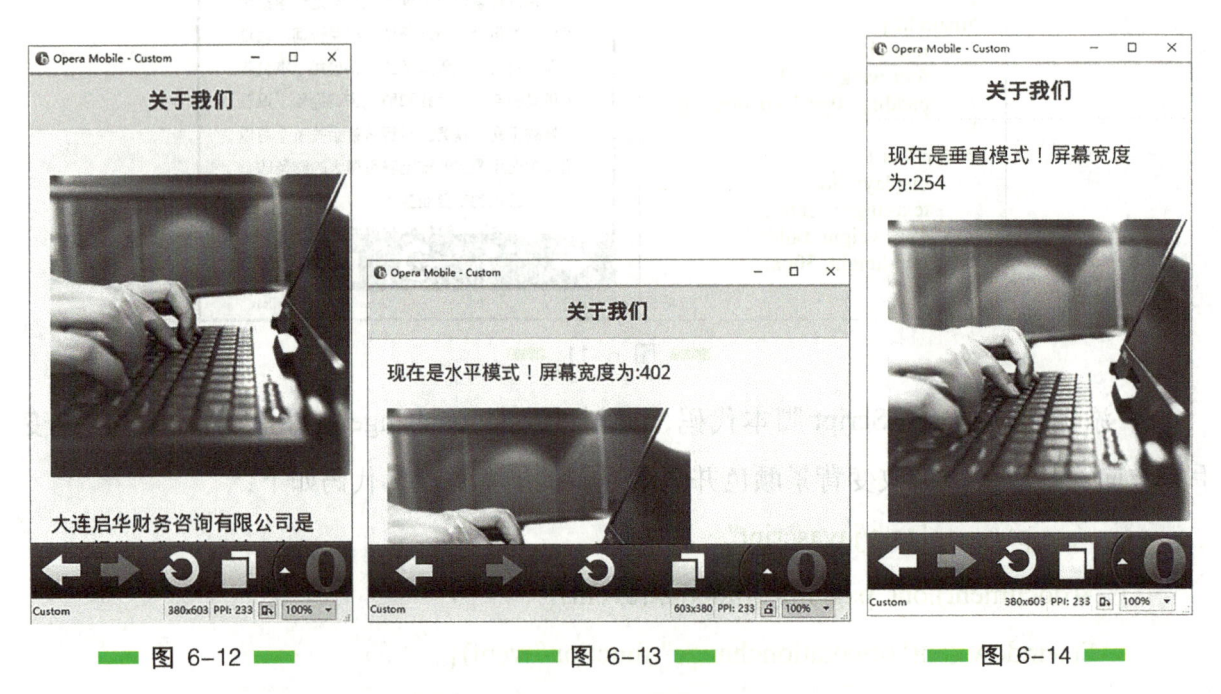

图 6-12   图 6-13   图 6-14

7. 完成依据手持方向翻转屏幕页面制作，完整代码如下：

```
<!doctype html>
<html>
<head>
<meta charset="utf-8">
<title>检测移动设备手持方向</title>
<meta name="viewport" content="width=device-width,initial-scale=1">
<link rel="stylesheet" href="http://code.jquery.com/mobile/1.4.5/jquery.mobile-1.4.5.min.css" />
```

项目6 —— jQuery Mobile 事件处理

```html
<script src="http://code.jquery.com/jquery-1.11.1.min.js"></script>
<script src="http://code.jquery.com/mobile/1.4.5/jquery.mobile-1.4.5.min.js"></script>
<link rel="stylesheet" href="6-4.css" />
<script type="text/javascript">
$(document).on("pageinit",function(event){
    $(window).on("orientationchange",function(event){
        if(event.orientation=="landscape") {//判断当前屏幕方向是否是水平方向
            $("#xs").html("现在是水平模式！屏幕宽度为:"+$(window).width());    //为元素赋予文本内容
            $("#main").css("background-color","#F0FBFF");//改变元素背景颜色
        }
        if(event.orientation=="portrait") {        //判断当前屏幕方向是否是垂直方向
            $("#xs").text("现在是垂直模式！屏幕宽度为:"+$(window).width());    //为元素赋予文本内容
            $("#main").css("background-color","#FFFFFF");//改变元素背景颜色
        }
    });
})
</script>
</head>


<body>
<div id="page1" data-role="page">
<div data-role="header"><h1>关于我们</h1></div>
<div data-role="content">
    <div id="main">
        <div id="xs"></div>
        <h2><img src="images/logo.jpg" alt=""></h2>
            <p>大连启华财务咨询有限公司是一家提供专业化的审计、资产评估、税务咨询、代理记账、财税培训等服务的咨询公司，本公司人员具有丰富的审计和财税咨询经验，以及良好的工商、税务、银行等社会关系，可以帮助企业用最少的支出获得最大的财务收益。本公司的主要业务：</p>
```

```
            <p>1.审计：财务外审和内审，除常规的审计外，可以为企业提出有建设性
的改进意见，帮助企业在财务管理方面不断完善。</p>
            <p>2.资产评估。</p>
            <p>3.税务咨询、税务鉴证：除常规的税务鉴证外，本公司更致力于为企业
提供税务自检、税收筹划、税务棘手问题解决，解除企业税务方面的后顾之忧。</p>
            <p>4.代理记账：本公司有丰富经验的财务专家团队为企业财税把关，让企
业用最少的资金获得最大的财务支持。</p>
            <p>5.财税培训：本公司有国内知名的财税专家团队可以为房地产企业和建
筑施工企业提供专业化的财税培训。</p>
            <p>6.其他业务：企业乱账、旧账的清理，企业收购股权前的财务咨询等。
</p>
            <p>大连启华财务咨询有限公司将以专业、贴心的服务，解决中小企业经营
中的财务问题，成为您企业发展壮大的好帮手。</p>    <br>
            </div>
        </div>
        <div data-role="footer"><h4>页脚</h4></div>
    </div>


</body>
</html>
```

任务5 jQuery Mobile常用技巧实战

任务分析

jQuery Mobile 作为 jQuery 插件库的成员，其 UI 界面简单易学，并且在开发过程中有很多常用的技巧。

本任务通过案例介绍了三种常见的 jQuery Mobile 使用技巧，包括开启/禁用列表项、固定首尾栏目、改变样式。

开启/禁用列表项：在列表项标签 <li> 中添加超链接标签 <a>，可以实现列表项超链接功能。添加了 <a> 标签后，jQuery Mobile 默认会在列表项的最右侧自动添加一个圆形背景的小箭头图标，用来表示列表项是一个超链接。在列表项 <li> 标签中添加 data-icon 属性，可开启或禁用列表项右侧图标的显示状态。data-icon 属性为 true，表示开启；该属性

为 false，表示禁用。禁用之后，超链接将不能访问。

固定首尾栏目：在浏览器中查看页面时，默认是以从上至下或是从下至上的滑动方式进行的。如果加载的内容较长，那么滑动之后可能会忘记文章的主题内容。在头部栏目或者尾部栏目中添加 data-position 属性，并将其属性值设置为 fixed，可以在屏幕滚动时隐藏头尾栏目，并在停止滚动时再次显示，实现头部栏目和尾部栏目以悬浮的方式固定在原有位置上。

改变样式：通过样式表的增删可以完成元素属性的改变，利用 jQuery 中的 removeClass 方法和 addClass 方法可以完成样式的改变。

任务实施

1. 新建一个 HTML5 页面，将其保存为 6-5-1.html。在 <head></head> 标签中间添加 <meta> 标签，加载 jQuery Mobile 函数库代码，代码省略。

2. 在 <body> 与 </body> 标签之间编写如下页面文件代码：

```
<div id="page1" data-role="page">
    <div data-role="header">
        <div data-role="navbar">
            <ul>
                <li><a href="#page1" class="ui-btn-active">启用</a></li>
                <li><a href="#page2">禁用</a></li>
            </ul>
        </div>
    </div>
    <div data-role="content">
        <ul data-role="listview" data-divider-theme="b">
            <li data-role="list-divider">税务服务</li>
            <li><a href="#">申报纳税</a></li>
            <li><a href="6-5-2.html">税务代理</a></li>
            <li><a href="#">出口退税</a></li>
            <li><a href="#">财税咨询</a></li>
            <li data-role="list-divider">审计服务</li>
            <li><a href="6-5-3.html">审计服务</a></li>
            <li><a href="#">内部审计</a></li>
```

```html
            </ul>
        </div>
        <div data-role="footer"><h4>页脚</h4></div>
    </div>
    <!--第2页-->
    <div id="page2" data-role="page">
        <div data-role="header">
            <div data-role="navbar">
                <ul>
                    <li><a href="#page1">启用</a></li>
                    <li><a href="#page2" class="ui-btn-active">禁用</a></li>
                </ul>
            </div>
        </div>
        <div data-role="content">
            <ul data-role="listview" data-divider-theme="b">
                <li data-role="list-divider">税务服务</li>
                <li data-icon="false"><a href="#">申报纳税</a></li>
                <li data-icon="false"><a href="6-5-2.html">税务代理</a></li>
                <li data-icon="false"><a href="#">出口退税</a></li>
                <li data-icon="false"><a href="#">财税咨询</a></li>
                <li data-role="list-divider">审计服务</li>
                <li data-icon="false"><a href="6-5-3.html">审计服务</a></li>
                <li data-icon="false"><a href="#">内部审计</a></li>
            </ul>
        </div>
        <div data-role="footer"><h4>页脚</h4></div>
    </div>
```

3. 保存页面，在 Opera Mobile 模拟器中预览页面，默认情况下，列表标签中添加了 `<a>` 标签会在右侧显示图标效果，如图 6-15 所示。单击导航条中的"禁用"链接，切换到 page2 页面中，可以看到禁用右侧图标的效果，如图 6-16 所示。

项目 6 —— jQuery Mobile 事件处理

图 6-15

图 6-16

> 提示:data-icon属性应用广泛。如果应用在包含超链接<a>标签的data-role属性为button的图标中,那么data-icon属性值可以为对应功能的图标名称。例如,如果设置data-icon属性值为delete,则其中的超链接会显示一个"删除"图标。也可以设置其值为true或者false,用来开启或者禁用图标的显示状态。

4. 新建一个 HTML5 页面,将其保存为 6-5-2.html。在 <head></head> 标签中间添加 <meta> 标签,加载 jQuery Mobile 函数库代码,代码省略。

5. 在 <body> 与 </body> 标签之间编写如下页面文件代码:

```
<div id="page1" data-role="page">
    <div data-role="header" data-position="fixed">
        <h1>税务代理</h1>
    </div>
    <div data-role="content">
        <div id="main">
            <p>1.开展税务咨询,包括电话咨询和网上咨询;受聘常年税务顾问。</p><p>
            2.办理税务登记、变更税务登记和注销税务登记;办理增值税一般纳税人认定登记、税种认定登记。</p><p>
```

3.办理各项纳税申报和扣缴税款报告，并提供电子申报服务。</p><p>

4.办理缴纳税款，滞纳金，补税；申请减税、免税、延期缴税、出口退（免）税；代购印花税票。</p><p>

5.审查纳税情况；稽核应纳税额，办理税收清算；受托进行年度查账，单项专题查账，财务会计审计。</p><p>

6.税收筹划，根据企业类型和经营特点，帮助企业在合法前提下，实现最小纳税，提高经济效益。</p><p>

7.涉税协调，在税收稽查、税收争议、税收处罚等方面，充分运用丰富的涉税经验，力求最合理地纳税。</p><p>

8.根据公司的具体情况协助申请享受最优惠的税收优惠政策和地方财政返还政策。</p><p>

9.帮助公司协调与主管税局的关系，并代理处理一些涉税事宜。</p><p>

10.制作涉税文书，税务行政复议。</p><p>

11.代理处理转让定价事宜。</p>

<p>纳税人、法人可以根据需要委托本公司进行全面代理，单项代理或临时代理、常年代理。本公司接收委托协议书约定的代理内容和代理权限、期限进行税务代理。超出协议书约定范围的业务需代理时，必须事先修订协议书。</p>

<h3>代表处财税服务</h3>

<p>1.代表处注册设立 </p><p>

2.代表处免税申请 </p><p>

3.代表处中、外员工个人所得税税务登记，薪资核定及外籍员工个人所得税税表制作及代理申报 </p><p>

4.代表处税务核定 </p><p>

5.代表处所有延期手续的代理 </p><p>

6.代表处注销手续的代理 </p><p>

7.代理记账、报税（以每月费用支出为准）</p><p>

8.代表处年度经费支出审计报告（以年度经费为准）</p><p>

9.协调解决代表处其他所有涉税事宜，包括申请减免滞纳金等（视具体个案难易程度收费）</p>

　　　　</div>

项目 6 —— jQuery Mobile 事件处理

```
            </div>
        <div data-role="footer" data-position="fixed">
            <h4>尾部页脚</h4>
        </div>
    </div>
</div>
```

6. 保存页面，在页面 <head></head> 中间添加链接 CSS 样式表代码。

```
<link rel="stylesheet" href="6-5-2.css" />
```

7. 在网页同一目录下新建样式表文件 6-5-2.css，并在其中添加代码，调整图片显示效果。保存页面，在模拟器中预览页面，可以看到页面效果，代码和页面效果如图 6-17 所示。

```
@charset "utf-8";
/* CSS Document */
* {
    margin: 0px;
    padding: 0px;
}
#main {
    width: auto;
    height: auto;
    overflow: hidden;
    background-color: #FFF;
    padding: 10px;
    font-family:"华文隶书";
    font-size: 14px;
    line-height: 25px;
    text-shadow: none;
}
#main p {
    text-indent:2em;
}
#main h3 {
    font-size: 16px;
    font-weight: bold;
    padding: 0px 10px 0px 10px;
}
```

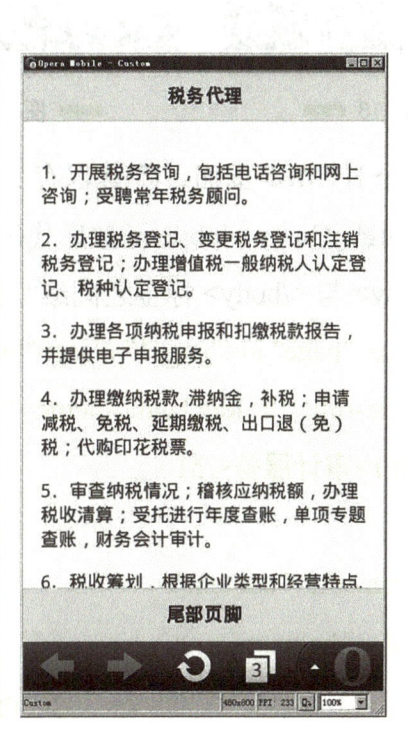

图 6-17

8. 保存页面，在 6-5-1.html 中单击"税务代理"链接，页面自动跳转到 6-5-2.html 页面，默认情况下，页面中会显示设置了 data-position="fixed" 属性的页面头部和尾部，如图 6-18 所示。滑动页面时，可以看到页面的头部和尾部消失，如图 6-19 所示。当滑动结束时，页面已经离开文章开头，但是依然会显示页面头部和尾部信息，如图 6-20 所示。

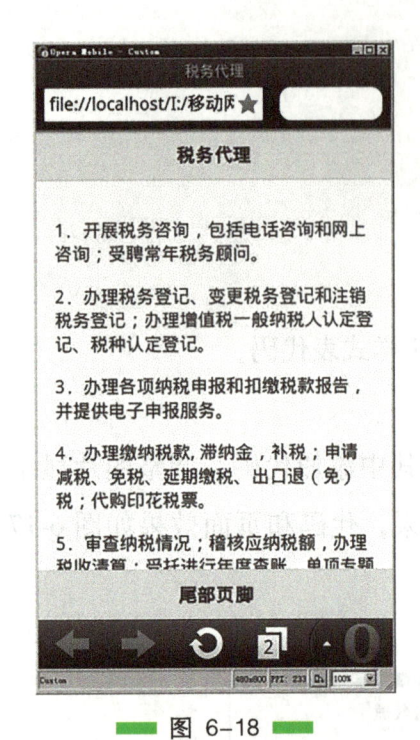

图 6-18 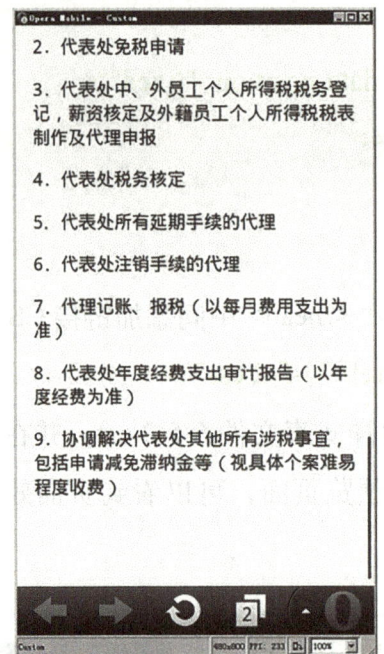　　　　　　　　　图 6-19 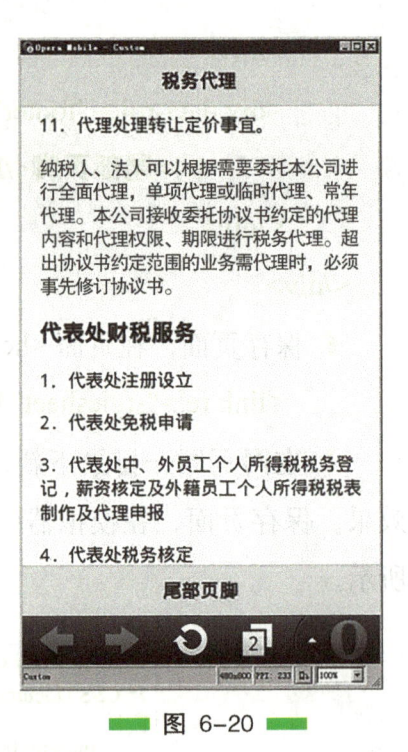　　　　　　　　　图 6-20

9. 新建一个 HTML5 页面，将其保存为 6-5-3.html。在 <head></head> 标签中间添加 <meta> 标签，加载 jQuery Mobile 函数库代码，代码省略。

10. 在 <body> 与 </body> 标签之间编写如下页面文件代码：

```
<div data-role="page" id="page1" class="bg0">
    <div data-role="header" data-theme="b" data-position="fixed">
        <h1>审计服务</h1>
    </div>
    <div data-role="content">
        <div id="main">
            <img src="images/logo.jpg" alt="logo">
            <br>
            独立审计服务覆盖范围甚广，包括审核企业财务报告及各类型的专业审计服务，协助客户提供真实、准确、可信的财务资料，全面满足今时今日所有股东及企业相关人士的各种需求。
        </div>
    </div>
    <div data-role="footer" data-theme="b" data-position="fixed">
        <h4>尾部页脚</h4>
    </div>
```

项目 6 —— jQuery Mobile 事件处理

</div>

11. 保存页面，在页面 <head></head> 中间添加链接 CSS 样式表代码：

<link el="stylesheet" href="6-5-3.css" />

12. 在网页同一目录下新建样式表文件 6-5-3.css，并在其中添加代码，调整图片显示效果，添加的代码如图 6-21 所示。

```
@charset "utf-8";
/* CSS Document */
* {
    margin: 0px;
    padding: 0px;}
#main {
    width: 100%;
    height: auto;
    padding-top: 60px;
    font-family:"隶书";
    font-size: 14px;
    color: #CA77B5;
    line-height: 30px;
    font-weight: bold;
    text-align: center;
    text-shadow: none;}
#main img {
    width: 60%;
    height: auto;
    max-width: 350px;}
.bg0 {
    background-image: url(images/5-3-1.jpg);
    background-repeat: no-repeat;
    background-size: cover;
}
.bg1 {
    background-image: url(images/5-3-2.jpg);
    background-repeat: no-repeat;
    background-size: cover;
}
.bg2 {
    background-image: url(images/5-3-3.jpg);
    background-repeat: no-repeat;
    background-size: cover;
}
.bg3 {
    background-image: url(images/5-3-4.jpg);
    background-repeat: no-repeat;
    background-size: cover;
}
```

图 6-21

13. 保存样式表文件，在 6-5-1.html 中单击"税务代理"链接，页面自动跳转到 6-5-3.html 页面，默认情况下，页面中会显示背景图片为 .bg 的类 CSS 样式。此时背景是固定的，不会随机显示背景图片，如图 6-22 所示。

14. 返回 6-5-3.html 页面的 HTML 代码中，在 <head></head> 标签之间添加相应的 jQuery 代码，代码如下：

```
<script type="text/javascript">
    $(document).on("pagecreate", function() {
    var $randombg = Math.floor(Math.random() * 4); // 0 ~3
    var $p = $("#page1");
    $p.removeClass("bg0").addClass('bg'+$randombg);
    })
</script>
```

先将 0~3 之间的随机整数保存在变量 $randombg 中，然后通过 jQuery 的 removeClass() 方法移除页面原有的 CSS 样式，并调用 addClass() 方法将样式随机添加到元

— 143 —

素中，从而实现随机显示图像背景的功能。

15. 保存页面，在模拟器中预览页面，可以看到随机显示的页面背景。每次刷新页面，都可能会显示不同的页面背景，如图 6-23 所示。

图 6-22

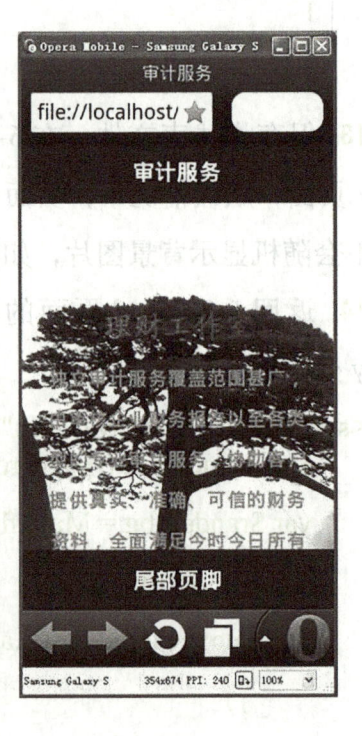

图 6-23

任务拓展

1. 使用 data-fullscreen 属性实现全屏显示页面时悬浮显示工具栏的操作。

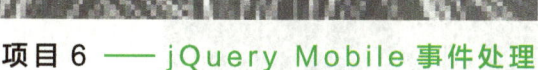

2. 利用 jQuery 通过改变属性方法 removeClass() 和 addClass() 来改变文档的样式，实现页面文字颜色、大小的随机切换效果。

知识补充

在移动终端设备中，常用的桌面事件（如鼠标事件和窗口事件）已经无法触发，此时可借助 API 将这些类型的事件扩展为专门用于移动终端设备的事件，如触摸、翻转、页面切换等，开发人员可以使用 live() 或 bind() 进行绑定。

项目小结

通过本项目的学习，读者认识了移动端网站开发中 jQuery Mobile 提供的常用事件及其使用方法。通过项目案例，读者掌握了如何利用 jQuery Mobile 绑定事件，并自定义响应代码。使用 jQuery Mobile 中的常用技巧，可以方便、高效地美化页面，从而达到提高客户体验的效果。

项目 7 —— jQuery Mobile 插件使用

项目概述

本项目主要是为了让读者理解 jQuery Mobile 插件的使用方法，具体包含 5 个任务：使用 ActionSheet 插件实现弹出窗口效果、使用 mmenu 插件制作侧边菜单效果、使用 Mobiscroll 插件选择时间和日期、使用 Camera 插件实现滚动幻灯片效果、使用 Swipebox 插件实现图片扩大效果。通过本项目的学习，读者可以掌握如何使用 jQuery Mobile 插件。

项目分析

本项目将使用 5 种 jQuery Mobile 插件的方法融入任务中。其中，ActionSheet 插件通过设置相关元素的相关属性实现弹出对话框的动画效果；mmenu 插件可以通过简单的 JavaScript 脚本代码创建滑动导航菜单；Mobiscroll 插件通过滚动屏幕来选择日期或者时间的值；Camera 插件是一款可以在 jQuery Mobile 中实现焦点轮换的图片效果浏览插件；Swipebox 是一款精美的 jQuery 灯箱特效插件。

任务1 使用ActionSheet插件实现弹出窗口效果

任务分析

ActionSheet 插件通过设置相关元素的相关属性实现弹出窗口的动画效果。

首先在页面中添加元素，创建一个用于弹出的标签，并设置 id 名称。然后在页面中添加一个用于调用对话框的元素，将该元素的 data-role 属性定义为 actionsheet，并将 data-sheet 的属性设置为 id 名称，实现元素与弹出窗口的绑定。

项目 7 —— jQuery Mobile 插件使用

任务实施

1. 新建一个 HTML5 页面，将该文档保存为 7-1.html。在 <head></head> 标签中间添加 <meta> 标签，加载 jQuery Mobile 函数库代码，并链接相应的 CSS 样式表和 JavaScript 脚本文件。

```
<meta name="viewport" content="width=device-width, initial-scale=1">
<link rel="stylesheet" href="http://code.jquery.com/mobile/1.3.0/jquery.mobile-1.3.0.min.css" />
        <script src="http://code.jquery.com/jquery-1.8.2.min.js"></script>
        <script src="http://code.jquery.com/mobile/1.3.0/jquery.mobile-1.3.0.min.js"></script>
            <link rel="stylesheet" href="jquery mobile/jquery.mobile.actionsheet.css" />
            <script type="text/javascript" src="jquery mobile/jquery.mobile.actionsheet.js"></script>
```

2. 在 <body> 与 </body> 标签之间编写如下页面文件代码：

```
<div data-role="page" id="page1">
    <div data-role="header">
        <h1>ActionSheet插件效果</h1>
    </div><!-- /header -->
    <div data-role="content" >
        <h2>ActionSheet插件效果</h2>
        <a data-icon="plus" data-role="actionsheet" data-sheet='sheet1'>打开</a>
        <div id="sheet1">
            <h1>欢迎进入！</h1>
            <a href='#' data-rel='close' data-role="button">关闭</a>
        </div>
    </div><!-- /content -->
</div>
```

3. 保存页面，在 Opera Mobile 模拟器中预览页面，效果如图 7-1 所示。

4. 完成 ActionSheet 插件页面制作，完整代码如下：

```
<!DOCTYPE html>
<html>
<head>
```

— 147 —

```html
<title>ActionSheet插件效果</title>
<meta name="viewport" content="width=device-width, initial-scale=1">
<link rel="stylesheet" href="http://code.jquery.com/mobile/1.3.0/jquery.mobile-1.3.0.min.css" />
<script src="http://code.jquery.com/jquery-1.8.2.min.js"></script>
<script src="http://code.jquery.com/mobile/1.3.0/jquery.mobile-1.3.0.min.js"></script>
<link rel="stylesheet" href="jquery mobile/jquery.mobile.actionsheet.css" />
<script type="text/javascript" src="jquery mobile/jquery.mobile.actionsheet.js"></script>
</head>
<body>
<div data-role="page" id="page1">
    <div data-role="header">
        <h1>ActionSheet插件效果</h1>
    </div><!-- /header -->
    <div data-role="content" >
        <h2>ActionSheet插件效果</h2>
        <a data-icon="plus" data-role="actionsheet" data-sheet='sheet1'>打开</a>
        <div id="sheet1">
            <h1>欢迎进入！</h1>
            <a href='#' data-rel='close' data-role="button">关闭</a>
        </div>
    </div><!-- /content -->
</div>
</body>
</html>
```

项目7 —— jQuery Mobile 插件使用

图 7-1

> 提示：使用ActionSheet插件时，不需要编写任何JavaScript代码，通过HTML5新增的属性进行控制即可。通过引用该插件，可以以动画效果的方式弹出任意一个窗口。

任务拓展

尝试在弹出页面上添加其他内容，如表单、图片等。

任务2 使用mmenu插件制作侧边菜单效果

任务分析

使用 mmenu 插件时可以通过简单的 JavaScript 脚本代码创建滑动导航菜单。

mmenu 插件的官方下载地址如下。

http://mmenu.frebsite.nl/download.html

任务实施

1. 新建一个 HTML5 页面，将该文档保存为 7-2.html。在 <head></head> 标签中间添加 <meta> 标签，加载 jQuery Mobile 函数库代码，代码省略。

2. 链接相应的 CSS 样式表和 JavaScript 脚本文件。

```
<link href="jquery mobile/mmenu.css" rel="stylesheet" type="text/css">
<script src="jquery mobile/jquery-1.9.1.min.js"></script>
<script src="jquery mobile/jquery.mmenu.min.js"></script>
```

3. 在 `<body>` 与 `</body>` 标签之间编写如下页面文件代码：

```
<div data-role="page" id="page1" data-theme="f">
    <div data-role="header" data-theme="b">
        <div class="ss"><a href="#menu">菜单</a></div>
        <h1>mmenu插件效果</h1>
        <nav id="menu">
            <ul>
                <li class="Selected"><a href="#">类别一</a></li>
                <li><a href="#">类别二</a></li>
                <li><a href="#">类别三</a></li>
                <li><a href="#">类别四</a></li>
            </ul>
        </nav>
    </div>
    <div data-role="content"></div>
</div>
```

4. 保存页面，在 Opera Mobile 模拟器中预览页面，可以看到页面的默认效果，如图 7-2 所示。

5. 新建外部样式 CSS 文件 style.css，在该样式文件中创建相应的 CSS 样式，如图 7-3 所示。

```
* {
    margin: 0px;
    padding: 0px;
}
.ui-page-theme-f {
    background-repeat: no-repeat;
    background-position: center top;
    background-size: cover;
}
nav {
    display:none;
}
.ms {
    position: absolute;
    left: 0px;
    top: 0px;
    width:40px;
    height:28px;
    text-align: center;
    padding-top: 12px;
    border-right:1px #666 solid;
}
```

图 7-2   图 7-3

项目 7 —— jQuery Mobile 插件使用

6. 返回 jQuery Mobile 页面中，在 <head></head> 标签中间链接新建的 CSS 样式文件，在 page 容器中添加 data-theme=" f "，应用该 CSS 文件。在菜单按钮所在的 <div> 标签中添加 class 属性，应用名为 ms 的 CSS 样式。

7. 在 <head></head> 标签中间添加相应的 JavaScript 脚本代码：

<script type="text/javascript">

$(function() {

　　$('nav#menu').mmenu();

});

</script>

8. 保存页面，在 Opera Mobile 模拟器中预览页面，可以看到页面效果，如图 7-4 所示。单击"菜单"按钮，效果如图 7-5 所示。

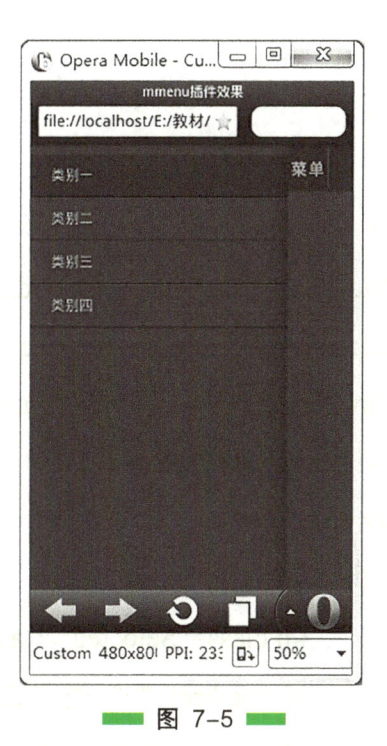

图 7-4　　　　图 7-5

9. 完成 mmenu 插件页面制作，完整代码如下：

　　<!doctype html>

　　<html>

　　<head>

　　<meta charset="utf-8">

　　<title>mmenu 插件效果</title>

　　<meta name="viewport" content="width=device-width,initial-scale=1">

　　<link rel="stylesheet"

href="http://code.jquery.com/mobile/1.4.5/jquery.mobile-1.4.5.min.css" />

```html
<script src="http://code.jquery.com/jquery-1.11.1.min.js"></script>
<script src="http://code.jquery.com/mobile/1.4.5/jquery.mobile-1.4.5.min.js"></script>
<link href="jquery mobile/style.css" rel="stylesheet" type="text/css">
<link href="jquery mobile/mmenu.css" rel="stylesheet" type="text/css">
<script src="jquery mobile/jquery-1.9.1.min.js"></script>
<script src="jquery mobile/jquery.mmenu.min.js"></script>
<script type="text/javascript">
$(function() {
    $('nav#menu').mmenu();
});
</script>
</head>


<body>
<div data-role="page" id="page1" data-theme="f">
<div data-role="header" data-theme="b">
    <div class="ms"><a href="#menu">菜单</a></div>
    <h1>mmenu插件效果</h1>
<nav id="menu">
    <ul>
        <li class="Selected"><a href="#">类别一</a></li>
        <li><a href="#">类别二</a></li>
        <li><a href="#">类别三</a></li>
        <li><a href="#">类别四</a></li>
    </ul>
</nav>
    </div>
    <div data-role="content"></div>
</div>
</body>
</html>
```

项目7 —— jQuery Mobile 插件使用

任务拓展

尝试使用图片替换"菜单"。

任务3 使用Mobiscroll插件选择时间和日期

任务分析

Mobiscroll 插件通过滚动屏幕来选择日期或者时间的值。

首先在页面中为相应的文本域元素设置 id 名称，然后编写 JavaScript 脚本代码，将文本域元素与插件绑定。

Mobiscroll 插件的官方下载地址如下：

http:// mobiscroll.com

任务实施

1. 新建一个 HTML5 页面，将该文档保存为 7-3.html。在 <head></head> 标签中间添加 <meta> 标签，加载 jQuery Mobile 函数库代码，链接相应的 CSS 样式表和 JavaScript 脚本文件：

```
<meta name="viewport" content="width=device-width,initial-scale=1">
<link rel="stylesheet" href="http://code.jquery.com/mobile/1.4.5/jquery.mobile-1.4.5.min.css" />
<script src="http://code.jquery.com/jquery-1.11.1.min.js"></script>
<script src="http://code.jquery.com/mobile/1.4.5/jquery.mobile-1.4.5.min.js"></script>
<link href="jquery mobile/mobiscroll.custom-2.17.0.min.css" rel="stylesheet" type="text/css">
<script src="jquery mobile/mobiscroll.custom-2.16.0.min.js"></script>
```

2. 在 <head></head> 标签中间添加相应的 JavaScript 脚本代码：

```
<script type="text/javascript">
$(function () {
    $('#date1').mobiscroll().calendar({
        theme: 'mobiscroll',   // 设置主题风格
        lang: 'zh',            // 设置语言
        display: 'bottom'      // 设置显示位置
```

— 153 —

```
            });

            $('#time1').mobiscroll().time({
                    theme: 'mobiscroll',
                    display: 'bottom',
                    timeFormat: 'HH:ii',
                    timeWheels: 'HHii',
                    lang: 'zh',
                    headerText: false
            });
        });
    </script>
```

3. 在 <body> 与 </body> 标签之间编写如下页面文件代码：

```
<div id="page1" data-role="page">
    <div data-role="header">
        <h1>Mobiscroll插件效果</h1>
    </div>
    <div data-role="content">
        <p>选择日期：</p>
        <input type="text" id="date1" placeholder="请选择日期">
        <p>选择时间：</p>
        <input type="text" id="time1" placeholder="请选择时间">
        <input type="submit" id="tj" value="提交">
    </div>
    <div data-role="footer"><h4>页脚</h4></div>
</div>
```

4. 保存页面，在 Opera Mobile 模拟器中预览页面，可以看到 Mobiscroll 插件的页面效果，部分效果如图 7-6 所示。单击"请选择日期"文本框，部分效果如图 7-7 所示。单击"请选择时间"文本框，部分效果如图 7-8 所示。

5. 完成 mmenu 插件页面制作，完整代码如下：

```
<!doctype html>
<html>
```

项目 7 —— jQuery Mobile 插件使用

```html
<head>
<meta charset="utf-8">
<title>Mobiscroll插件效果</title>
<meta name="viewport" content="width=device-width,initial-scale=1">
<link rel="stylesheet" href="http://code.jquery.com/mobile/1.4.5/jquery.mobile-1.4.5.min.css" />
<script src="http://code.jquery.com/jquery-1.11.1.min.js"></script>
<script src="http://code.jquery.com/mobile/1.4.5/jquery.mobile-1.4.5.min.js"></script>
<link href="jquery mobile/mobiscroll.custom-2.17.0.min.css" rel="stylesheet" type="text/css">
<script src="jquery mobile/mobiscroll.custom-2.16.0.min.js"></script>
<script type="text/javascript">
$(function () {
    $('#date1').mobiscroll().calendar({
        theme: 'mobiscroll',  // 设置主题风格
        lang: 'zh',           // 设置语言
        display: 'bottom'     // 设置显示位置
    });

    $('#time1').mobiscroll().time({
        theme: 'mobiscroll',
        display: 'bottom',
        timeFormat: 'HH:ii',
        timeWheels: 'HHii',
        lang: 'zh',
        headerText: false
    });
});
</script>
</head>
```

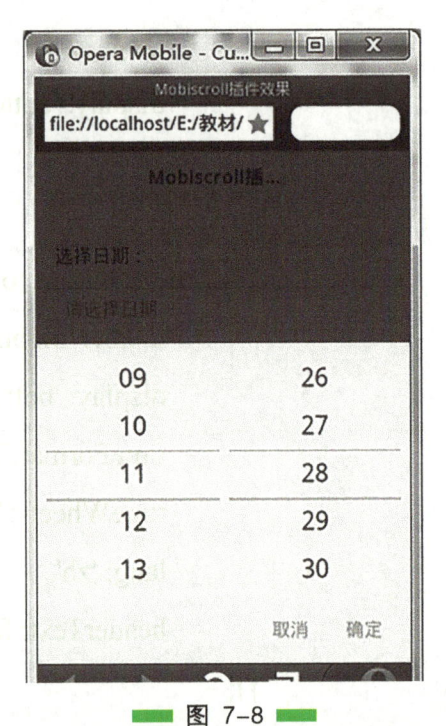

```html
<body>
<div id="page1" data-role="page">
    <div data-role="header">
        <h1>Mobiscroll插件效果</h1>
    </div>
    <div data-role="content">
        <p>选择日期：</p>
        <input type="text" id="date1" placeholder="请选择日期">
        <p>选择时间：</p>
        <input type="text" id="time1" placeholder="请选择时间">
<input type="submit" id="tj" value="提交">
    </div>
    <div data-role="footer"><h4>页脚</h4></div>
</div>
</body>
</html>
```

图 7-6　　　　图 7-7　　　　图 7-8

提示：可通过修改JavaScript脚本文本中的lang值来变更对话框中的语言，如zh表示汉语，en表示英语。

项目 7 —— jQuery Mobile 插件使用

任务拓展

尝试更改 JavaScript 代码脚本，改变 Mobiscroll 插件效果。

任务4 使用Camera插件实现滚动幻灯片效果

任务分析

图片交互效果的好坏直接影响用户体验，Camera 插件是一款可以在 jQuery Mobile 中实现焦点轮换的图片效果浏览插件。

Camera 插件是一个基于 jQuery 插件的开源项目，功能是对所指定的图片实现轮播效果。在轮播的过程中，用户可以查看每一张图片的主体信息，可以手动终止轮播过程，还可以通过单击查看每一张被轮播的图片。此外，轮播的图片还支持缩略图单击预览方式，方便用户以缩略图的方式浏览多张图片。

Camera 插件的官方下载地址是：https://github.com/pixedelic/Camera。

使用插件之前，需要在页面的 <head> 与 </head> 标签之间链接相应的 CSS 样式表和 JavaScript 脚本文件：

\<link href="css/camera.css" rel="stylesheet" type="text/css">

\<script src="/js/jquery.easing.1.3.js"></script>

\<script src="/js/camera.min.js"></script>

本任务利用 Camera 插件实现焦点轮换图片效果。

任务实施

1. 新建一个 HTML5 页面，将其保存为 7-4.html。在 <head> 与 </head> 标签中间添加 <meta> 标签，加载 jQuery Mobile 函数库代码，代码省略。

2. 在 <body> 与 </body> 标签之间编写如下页面文件代码：

```
            <div id="page1" data-role="page">
      <div data-role="header" data-theme="b">
            <h1>摄影图片欣赏</h1>
      </div>
      <div data-role="content">
            <div class="camera_wrap camera_azure_skin" id="camera1">
<div data-thumb="images/tb/7-4-1.jpg" data-src="images/7-4-1.jpg">
                  <div class="camera_caption fadeFromBottom">
```

```html
                            山花烂漫
                        </div>
                    </div>
                    <div data-thumb="images/tb/7-4-2.jpg" data-src="images/7-4-2.jpg">
                        <div class="camera_caption fadeFromBottom">
                            海边日出
                        </div>
                    </div>
                    <div data-thumb="images/tb/7-4-3.jpg" data-src="images/7-4-3.jpg">
                        <div class="camera_caption fadeFromBottom">
                            下龙湾
                        </div>
                    </div>
                    <div data-thumb="images/tb/7-4-4.jpg" data-src="images/7-4-4.jpg">
                        <div class="camera_caption fadeFromBottom">
                            漓江
                        </div>
                    </div>
                    <div data-thumb="images/tb/7-4-5.jpg" data-src="images/7-4-5.jpg">
                        <div class="camera_caption fadeFromBottom">
                            天堂岛
                        </div>
                    </div>
                </div>
            </div>
            <div data-role="footer" data-theme="b"><h4>页脚</h4></div>
</div>
```

在内容区域添加了一个 <div> 作为包含轮播图片的容器，并在该 <div> 标签中设置 id 名称为 camera1，样式为 camera_wrap。在其中添加需要轮播的图片，每张轮播图片的结构都是相同的。

3． 保存页面，在页面 <head></head> 中间添加如下 JavaScript 脚本代码：

```html
<link href="css/camera.css" rel="stylesheet" type="text/css">
```

项目 7 —— jQuery Mobile 插件使用

```html
<script src="js/jquery.easing.1.3.js"></script>
<script src="js/camera.min.js"></script>
<script type="text/javascript">
$(function(){
    $('#camera1').camera({
        time: 1000,
        thumbnails: true
    })
})
</script>
```

在页面中将播放图片的容器和被轮播的全部图片元素添加完成后，还必须在 Camera 插件中使用 camera() 方法，才能实现图片以幻灯片形式轮播的效果。本任务中设置轮播时间为 1s 一张，显示缩略图。

4. 整个页面代码如下：

```html
<!doctype html>
<html>
<head>
<meta charset="utf-8">
<title>摄影图片欣赏</title>
<meta name="viewport" content="width=device-width,initial-scale=1">
<link rel="stylesheet" href="http://code.jquery.com/mobile/1.4.5/jquery.mobile-1.4.5.min.css" />
<script src="http://code.jquery.com/jquery-1.11.1.min.js"></script>
<script src="http://code.jquery.com/mobile/1.4.5/jquery.mobile-1.4.5.min.js"></script>
<link href="css/camera.css" rel="stylesheet" type="text/css">
<script src="js/jquery.easing.1.3.js"></script>
<script src="js/camera.min.js"></script>
<script type="text/javascript">
$(function(){
    $('#camera1').camera({
        time: 1000,
```

```html
                    thumbnails: true
            })
        })
        </script>
    </head>

    <body>
    <div id="page1" data-role="page">
        <div data-role="header" data-theme="b">
            <h1>摄影图片欣赏</h1>
        </div>
        <div data-role="content">
            <div class="camera_wrap camera_azure_skin" id="camera1">
                <div data-thumb="images/tb/7-4-1.jpg" data-src="images/7-4-1.jpg">
                    <div class="camera_caption fadeFromBottom">
                        山花烂漫
                    </div>
                </div>
                <div data-thumb="images/tb/7-4-2.jpg" data-src="images/7-4-2.jpg">
                    <div class="camera_caption fadeFromBottom">
                        海边日出
                    </div>
                </div>
                <div data-thumb="images/tb/7-4-3.jpg" data-src="images/7-4-3.jpg">
                    <div class="camera_caption fadeFromBottom">
                        下龙湾
                    </div>
                </div>
                <div data-thumb="images/tb/7-4-4.jpg" data-src="images/7-4-4.jpg">
                    <div class="camera_caption fadeFromBottom">
                        漓江
                    </div>
```

```
            </div>
            <div data-thumb="images/tb/7-4-5.jpg" data-src="images/7-4-5.jpg">
                <div class="camera_caption fadeFromBottom">
                    天堂岛
                </div>
            </div>
        </div>
    </div>
    <div data-role="footer" data-theme="b"><h4>页脚</h4></div>
</div>
</body>
</html>
```

5. 保存页面，在 Opera Mobile 模拟器中预览页面，可以看到使用 Camera 插件实现的焦点轮换图片效果，如图 7-9 所示。还可以以缩略图的方式预览轮换图片，如图 7-10 所示。

图 7-9　　　　　　　　　图 7-10

> 提示：虽然轮播图片容器中可以添加多张图片，但在移动设备浏览时，建议图片数量不超过5张。

任务5　使用Swipebox插件实现图片扩大效果

任务分析

Swipebox 是一款精美的 jQuery 灯箱特效插件，可用于桌面设备、平板设备和移动设备。在移动设备上支持滑动手势导航，在桌面设备上支持键盘导航。不支持 CSS3 过渡效果的浏览器可使用 jQuery 降级处理。

Swipebox 插件的主要功能是当用户单击图片时，图片会以全尺寸的方式显示。此外，用户还可以对同组的图片进行左右切换查看，非常适合做照片墙页面。

Swipebox 插件的官方下载地址是：http://brutaldesign.github.io/swipebox。

使用 Swipebox 插件之前，需要在页面的 <head> 与 </head> 标签之间链接相应的 CSS 样式表和 JavaScript 脚本文件：

```
<link href="css/swipebox.css" rel="stylesheet" type="text/css">
<script src="js/jquery.swipebox.js"></script>
```

本任务利用 Swipebox 插件实现图片扩大效果。

任务实施

1. 新建一个 HTML5 页面，将其保存为 7-5.html。在 <head> 与 </head> 标签中间添加 <meta> 标签，加载 jQuery Mobile 函数库代码，代码省略。

2. 在 <body> 与 </body> 标签之间编写如下页面文件代码：

```
<div id="page1" data-role="page">
    <div data-role="header" data-theme="b">
        <h1>产品列表</h1>
    </div>
    <div data-role="content">
        <a href="images/7-5-1.jpg" class="swipebox" title="牛羊肉类">
            <img src="images/s/7-5-1.jpg" alt="image">
        </a>
        <a href="images/7-5-2.jpg" class="swipebox1" title="美味贝类">
            <img src="images/s/7-5-2.jpg" alt="image">
        </a>
        <a href="images/7-5-3.jpg" class="swipebox2" title="进口蟹类">
```

项目7——jQuery Mobile 插件使用

```
                <img src="images/s/7-5-3.jpg" alt="image">
        </a>
        <a href="images/7-5-4.jpg" class="swipebox3" title="营养虾类">
                <img src="images/s/7-5-4.jpg" alt="image">
        </a>
        <a href="images/7-5-5.jpg" class="swipebox4" title="深海鱼类">
                <img src="images/s/7-5-5.jpg" alt="image">
        </a>
        <a href="images/7-5-6.jpg" class="swipebox5" title="海味零食">
                <img src="images/s/7-5-6.jpg" alt="image">
        </a>    </div>
        <div data-role="footer" data-theme="b"><h4>页脚</h4></div>
</div>
```

在内容区域插入图片的缩略图，为缩略图添加超链接，设置超链接的 href 属性指向对应缩略图的原始大图，并在超链接中设置 classs 属性，用于和 Swipebox 插件绑定。

3. 保存页面，在页面 <head></head> 中间添加如下 JavaScript 脚本代码：

```
<link rel="stylesheet" href="css/swipebox.css">
<script src="js/jquery.swipebox.js"></script>
<script type="text/javascript">
(function($){
    $('.swipebox').swipebox();
    $('.swipebox1').swipebox();
    $('.swipebox2').swipebox();
    $('.swipebox3').swipebox();
    $('.swipebox4').swipebox();
    $('.swipebox5').swipebox();
})(jQuery);
</script>
```

通过 JavaScript 脚本代码调用与 Swipebox 插件绑定的 swipebox() 方法。

4. 整个页面的代码如下：

```
<!doctype html>
<html>
```

```html
<head>
<meta charset="utf-8">
<title>实现单击查看大图效果</title>
<meta name="viewport" content="width=device-width,initial-scale=1">
<link rel="stylesheet" href="http://code.jquery.com/mobile/1.4.5/jquery.mobile-1.4.5.min.css" />
<script src="http://code.jquery.com/jquery-1.11.1.min.js"></script>
<script src="http://code.jquery.com/mobile/1.4.5/jquery.mobile-1.4.5.min.js"></script>
<link rel="stylesheet" href="css/swipebox.css">
<script src="js/jquery.swipebox.js"></script>
<script type="text/javascript">
(function($){
    $('.swipebox').swipebox();
    $('.swipebox1').swipebox();
    $('.swipebox2').swipebox();
    $('.swipebox3').swipebox();
    $('.swipebox4').swipebox();
    $('.swipebox5').swipebox();
})(jQuery);
</script>
</head>

<body>
<div id="page1" data-role="page">
    <div data-role="header" data-theme="b">
        <h1>产品列表</h1>
    </div>
    <div data-role="content">
        <a href="images/7-5-1.jpg" class="swipebox" title="牛羊肉类">
            <img src="images/s/7-5-1.jpg" alt="image">
        </a>
        <a href="images/7-5-2.jpg" class="swipebox1" title="美味贝类">
```

项目 7 —— jQuery Mobile 插件使用

```
        <img src="images/s/7-5-2.jpg" alt="image">
    </a>
    <a href="images/7-5-3.jpg" class="swipebox2" title="进口蟹类">
        <img src="images/s/7-5-3.jpg" alt="image">
    </a>
    <a href="images/7-5-4.jpg" class="swipebox3" title="营养虾类">
        <img src="images/s/7-5-4.jpg" alt="image">
    </a>
    <a href="images/7-5-5.jpg" class="swipebox4" title="深海鱼类">
        <img src="images/s/7-5-5.jpg" alt="image">
    </a>
    <a href="images/7-5-6.jpg" class="swipebox5" title="海味零食">
        <img src="images/s/7-5-6.jpg" alt="image">
    </a>
    </div>
    <div data-role="footer" data-theme="b"><h4>页脚</h4></div>
</div>
</body>
</html>
```

5. 保存页面，在 Opera Mobile 模拟器中预览页面，可以看到页面的初始显示效果，部分效果如图 7-11 所示。在页面中单击缩略图可以显示大图效果，部分效果如图 7-12 所示。

图 7-11    图 7-12

知识补充

- 在 jQuery Mobile 移动开发过程中可以融入很多插件。
- ActionSheet 插件可以实现对话框的动画效果。
- mmenu 插件可以实现滑动导航菜单效果。
- Mobiscroll 插件可以实现滚动选择时间和日期的值。
- Camera 插件可以实现焦点轮换图片的效果。
- Swipebox 插件可以实现单击缩览图预览大图的效果。

项目小结

通过本项目，读者应了解针对 jQuery Mobile 移动应用开发常用的 5 种插件，掌握插件的使用方法和注意事项，能通过使用插件提高开发效率。

项目 8 —— 移动建站实例

项目概述

通过前几个项目的学习，读者已对 jQuery Mobile 的相关知识有了基本的了解。在开发移动应用的过程中，除了需要使用 jQuery Mobile 的知识外，还需要熟练地综合运用 HTML5 和 CSS 的相关知识，这样才能制作出各种移动应用界面。

本项目是一个店铺 APP 制作的综合项目。读者可利用所学的 jQuery Mobile 相关知识完成店铺 APP 的引导页、启动页、首页、产品列表页及产品介绍页 5 个页面制作。通过 5 个页面的制作，本项目将向读者介绍如何综合应用 HTML5、CSS 和 jQuery Mobile 开发和制作移动应用界面。

项目分析

本项目介绍了一个包含 5 个功能页面的店铺 APP 制作案例，包含了 ActionSheet、mmenu 和 DateBox 插件应用。在制作过程中，除了要熟练掌握 jQuery Mobile 基本函数、事件的用法外，还要熟悉常用插件的应用技巧，从而提高制作效率。

任务1 制作店铺APP引导页

任务分析

在正式进入 APP 页面之前，可以通过几个页面向用户介绍 APP 软件的主要功能和特色，给用户一个好的印象，这些页面称为引导页。

根据 APP 引导页的目的不同，可将其分为功能介绍类、使用说明类、推广类、问题解决类等，一般不超过 5 个页面。

本任务的引导页包含 4 个页面，通过 jQuery Mobile 实现滑动切换页面效果，并在最后一个页面添加链接按钮链接到 APP 首页，完成效果如图 8-1 所示。

图 8-1

任务实施

1. 新建一个 HTML5 页面，将其保存为 8-1.html。在 \<head>\</head> 标签中间添加 \<meta> 标签，加载 jQuery Mobile 函数库代码，代码省略。

2. 在 \<body> 与 \</body> 标签之间编写如下页面文件代码：

  \<div data-role="page" id="page1">

  \<div data-role="content" style="margin:0px; padding:0px;">

   \<!--引导页图片开始-->

   \<div id="wrapper">

   \<div id="scroller">

    \<div>\<img src="images/8-1-1.jpg" alt="">\</div>

    \<div>\<img src="images/8-1-2.jpg" alt="">\</div>

    \<div>\<img src="images/8-1-3.jpg" alt="">\</div>

    \<div>\<img src="images/8-1-4.jpg" alt="">\<a href="8-2.html" rel="external" id="goto">进店体验\</a>\</div>

   \</div>

   \</div>

   \<!--引导页图片结束-->

   \<!--翻页小圆点开始-->

   \<div id="nav">

项目 8 —— 移动建站实例

```
        <ul id="indicator">
            <li class="active">1</li>
            <li>2</li>
            <li>3</li>
            <li>4</li>
        </ul>
    </div>
    <!--翻页小圆点结束-->
    </div>
</div>
```

> 提示：在该jQuery Mobile页面中没有设置页头和页尾，只是在jQuery Mobile框架中创建了一个内容区域，并将页面中的所有内容都放在页面内容区域中。content容器中的内容分为两部分，一部分是引导页图片，另一部分是用来实现翻页的小圆点图标。小圆点图标通过项目列表来实现，共有4个 \<li\> 标签。在最后一张引导图下面添加进入主页的超链接标签，单击可进入主页。

3. 保存页面，在页面 \<head\>\</head\> 中间添加链接 CSS 样式表代码：

    `<link rel="stylesheet" href="8-1.css" />`

4. 在网页同一目录下新建样式表文件 8-1.css，并在其中添加代码，调整图片显示效果，保存页面，在模拟器中预览，代码和页面效果如图 8-2 所示。但是此时只能看到第一张引导图片，接下来就需要添加 JavaScript 代码实现引导页切换效果。在 \<head\> 与 \</head\> 标签之间添加代码，链接两个外部 JavaScript 文件，如图 8-3 所示。

```css
@charset "utf-8";
* {
    margin: 0px;
    padding: 0px;}
#wrapper {
    position: relative;
    width: 100%;
    height: auto;
    overflow: hidden;
    z-index: 1;
}
#scroller { width: 400%;}
#scroller div {
    position: relative;
    display: block;
    float: left;
    width: 25%;
    height: auto;
}
#scroller div img {
    width: 100%;
    height: auto;}
```

```css
#goto {
    position: absolute;
    display: block;
    width: 150px;
    height: 40px;
    bottom: 30px;
    left: 50%;
    margin-left: -75px;
    line-height: 40px;
    text-align: center;
    color: #fff;
    z-index: 100;
    text-shadow: none;
    background-color: rgba(255,255,255,0.4);
    border: solid 1px #FFF;
    border-radius: 2px;
}
#indicator li.active {
    background-color: #888;
}
```

```css
#nav {
    position: absolute;
    width: 56px;
    height: auto;
    bottom: 15px;
    left: 80%;
    margin-left: -28px;
    z-index: 100;
}
#indicator, #indicator li {
    display: block;
    float: left;
}
#indicator li {
    width: 0.7em;
    height: 0.7em;
    background-color: #ddd;
    border-radius: 0.5em;
    margin-right: 0.2em;
    text-indent: -2em;
    overflow: hidden;
}
```

图 8-2

图 8-2（续）

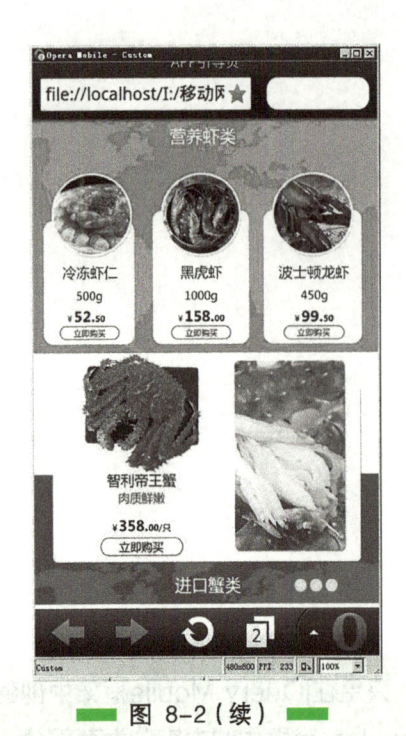

```
<script src="js/iscroll.js"></script>
<script src="js/global.js"></script>
```

图 8-3

5. 在页面头部 <head> 与 </head> 标签之间添加相应的 JavaScript 脚本代码：

```
<script type="text/javascript">
document.onreadystatechange = subSomething;
//当页面加载状态改变时执行
    function subSomething(){
    var setime;
    if (navigator.onLine){
    if(document.readyState == 'complete') //当页面加载时完成
        setime=setTimeout(function(){
            callback();},10000);}
            }
    window.onload=function(){
        cacheDetect();
loaded();}
</script>
<script type="text/javascript">
function loaded() {
    var myScroll;
var wHeight=$(window).height();
```

项目 8 —— 移动建站实例

```
        $("#scroller div").height(wHeight);
        myScroll = new iScroll('wrapper', {
            snap: true,
    momentum: false,
    hScrollbar: false,
    onScrollEnd: function () {
        document.querySelector('#indicator li.active').className = '';
            document.querySelector('#indicator li:nth-child(' + (this.currPageX+1) + ')').className = 'active';
        }
    });}
</script>
```

第一段 JavaScript 脚本代码在页面加载状态改变时执行，并可设置切换页面时间。第二段 JavaScript 脚本代码用于判断当前窗口的高度，通过当前窗口高度调整元素的高度，使得容器在窗口中始终满屏显示。

6. 该 jQuery Mobile 页面的完整代码如下：

```
<!doctype html>
<html>
<head>
<meta charset="utf-8">
<title>APP引导页</title>
<meta name="viewport" content="width=device-width,initial-scale=1">
<link rel="stylesheet" href="http://code.jquery.com/mobile/1.4.5/jquery.mobile-1.4.5.min.css" />
<script src="http://code.jquery.com/jquery-1.11.1.min.js"></script>
<script src="http://code.jquery.com/mobile/1.4.5/jquery.mobile-1.4.5.min.js"></script>
<link rel="stylesheet" href="8-1.css">
<script src="js/iscroll.js"></script>
<script src="js/global.js"></script>
 <script type="text/javascript">
document.onreadystatechange = subSomething;
//当页面加载状态改变时执行
```

```javascript
function subSomething(){
    var setime;
    if (navigator.onLine){
        if(document.readyState == 'complete') //当页面加载时完成
            setime=setTimeout(function(){
                callback();},10000);}
}
window.onload=function(){
    cacheDetect();
    loaded();}
</script>
<script type="text/javascript">
function loaded() {
    var myScroll;
    var wHeight=$(window).height();
    $("#scroller div").height(wHeight);
    myScroll = new iScroll('wrapper', {
        snap: true,
        momentum: false,
        hScrollbar: false,
        onScrollEnd: function () {
            document.querySelector('#indicator li.active').className = '';
            document.querySelector('#indicator li:nth-child(' + (this.currPageX+1) + ')').className = 'active';
        }
    });}
</script>
</head>

<body>
<div data-role="page" id="page1">
    <div data-role="content" style="margin:0px; padding:0px;">
```

```html
<!--引导页图片开始-->
<div id="wrapper">
    <div id="scroller">
        <div><img src="images/8-1-1.jpg" alt=""></div>
        <div><img src="images/8-1-2.jpg" alt=""></div>
        <div><img src="images/8-1-3.jpg" alt=""></div>
        <div><img src="images/8-1-4.jpg" alt=""><a href="8-2.html" rel="external" id="goto">进店体验</a></div>
    </div>
</div>
<!--引导页图片结束-->
<!--翻页小圆点开始-->
<div id="nav">
    <ul id="indicator">
        <li class="active">1</li>
        <li>2</li>
        <li>3</li>
        <li>4</li>
    </ul>
</div>
<!--翻页小圆点结束-->
</div>
</body>
</html>
```

7. 保存页面，在 Opera Mobile 模拟器中预览，可以看到所制作的 APP 引导页效果，可以在屏幕上滑动来查看不同的引导页面，如图 8-4 所示。

图 8-4

任务2 制作店铺APP启动页

任务分析

通常在启动 APP 时会显示一个启动页面，该页面可以放置宣传广告、推广信息等内容，经过一段时间可自动跳转到 APP 首页。

本任务通过 JavaScript 的计数功能，在指定时间内跳转到该餐厅 APP 的首页。

任务实施

1. 新建一个 HTML5 页面，将其保存为 8-2.html。在 <head></head> 标签中间添加 <meta> 标签，加载 jQuery Mobile 函数库代码，代码省略。

2. 在 <body> 与 </body> 标签之间编写如下页面文件代码：

```
<div data-role="page" id="page1" class="bg01">
    <div data-role="content">
        <div id="load">
            <img src="images/8-2.jpg" alt="logo"><br>
            正在努力加载中……
        </div>
    </div>
</div>
```

3. 保存页面，在页面 <head></head> 中间添加链接 CSS 样式表代码：

```
<link rel="stylesheet" href="8-2.css" />
```

4. 在网页同一目录下新建样式表文件 8-2.css，并在其中添加代码，调整图片显示效果。保存页面，在模拟器中预览页面，代码和页面效果如图 8-5 所示。

```css
@charset "utf-8";
* {
    margin: 0px;
    padding: 0px;
}
body {
    font-family: 微软雅黑;
    font-size: 14px;
    line-height: 25px;}
#load {
    position: absolute;
    width: 100%;
    height: auto;
    top: 50%;
    margin-top: -90px;
    text-align: center;
    color: #FFF;
    font-size: 16px;
    text-shadow: 1px 1px 1px #333;}
```

图 8-5

5. 在页面头部的 <head> 与 </head> 标签之间添加相应的 JavaScript 脚本代码，实现页面在一定时间后自动跳转，代码如下：

```
<script type="text/javascript">
    function changepage() {
        window.location.href="index.html";
    }
    $(document).on("pagecreate",function(){
        var id=setInterval("changepage()",5000);
    })
</script>
```

在上面的 JavaScript 代码中，首先创建一个自定义函数 changepage()，该函数可实现页面的跳转。然后为本页的创建事件 pagecreate 绑定 setInterval() 方法。该方法可实现 5s 后调用 changepage() 方法，跳转到主页。

6. 保存页面，在 Opera Mobile 模拟器中预览，可以看到启动页面效果，如图 8-6 所示。经过 5s 后，会自动跳转到 APP 首页 index.html 中，因为还没制作首页，所以会显示"无法打开文件"的提示，如图 8-7 所示。

图 8-6　　　　　　　　　　　图 8-7

7. 完成店铺 APP 启动页制作，其 jQuery Mobile 页面的完整代码如下：

```
<!doctype html>

<html>

<head>

<meta charset="utf-8">

<title>店铺APP启动页</title>

<meta name="viewport" content="width=device-width,initial-scale=1">

<link rel="stylesheet" href="http://code.jquery.com/mobile/1.4.5/jquery.mobile-1.4.5.min.css" />

<script src="http://code.jquery.com/jquery-1.11.1.min.js"></script>

<script src="http://code.jquery.com/mobile/1.4.5/jquery.mobile-1.4.5.min.js"></script>

<link rel="stylesheet" href="8-2.css" />

<script type="text/javascript">

function changepage() {

    window.location.href="index.html";

}

$(document).on("pagecreate",function(){

    var id=setInterval("changepage()",5000);

})

</script>

</head>
```

项目 8 —— 移动建站实例

```
<body>
<div data-role="page" id="page1" class="bg01">
    <div data-role="content">
        <div id="load">
            <img src="images/8-2.jpg" alt="logo"><br>
            正在努力加载中......
        </div>
    </div>
</div>
</body>
</html>
```

任务3 制作店铺APP首页

任务分析

在首页将通过列表的方式来展示不同分类的产品，单击相应的产品分类将进入具体产品列表页面。

任务实施

1. 新建一个 HTML5 页面，将其保存为 index.html。在 `<head></head>` 标签中间添加 `<meta>` 标签，加载 jQuery Mobile 函数库代码，与前面案例相同。

2. 在 `<body>` 与 `</body>` 标签之间编写如下页面文件代码：

```
<div data-role="page" id="page1" class="bg02">
    <div data-role="content">
        <div id="logo"><img src="images/8-2.jpg" alt="logo"></div>
        <div id="main-list">
            <h1>今天吃点啥？</h1>
            <ul data-role="listview" data-inset="true">
                <li><a href="8-4.html" rel="external" data-transition="slidedown"><img src="images/1.jpg"/><h3>牛羊肉类</h3><p></p></a></li>
                <li><a href="8-4.html" rel="external" data-transition="slidedown"><img src="images/2.jpg"/><h3>美味贝类</h3></a></li>
```

```html
<li><a href="8-4.html" rel="external" data-transition="slidedown"><img src="images/3.jpg"/><h3>进口蟹类</h3></a></li>
<li><a href="8-4.html" rel="external" data-transition="slidedown"><img src="images/4.jpg"/><h3>营养虾类</h3></a></li>
<li><a href="8-4.html" rel="external" data-transition="slidedown"><img src="images/5.jpg"/><h3>深海鱼类</h3></a></li>
<li><a href="8-4.html" rel="external" data-transition="slidedown"><img src="images/6.jpg"/><h3>海味零食</h3></a></li>
        </ul>
    </div>
  </div>
</div>
```

3. 保存页面，在页面 \<head\>\</head\> 中间添加链接 CSS 样式表代码：

```html
<link rel="stylesheet" href="8-2.css" />
```

4. 在样式表文件 8-2.css 中补充代码，调整显示效果。保存页面，在模拟器中预览该页面，代码和部分页面效果如图 8-8 所示。

```css
.bg02 {
background-image: url(images/8-3.jpg);
background-repeat: no-repeat;
    background-position: center top;
    background-size: cover;
}
#logo {
    width: 100%;
    height: 158px;
    margin: 0px auto;
    padding: 10px 0px;
    text-align: center;
border-bottom: 1px solid rgba(175,27,27,0.6);
}
#main-list h1{
    font-size: 24px;
    color: #FFF;
    font-weight: boeder;
    font-style: italic;
text-shadow: 2px 2px 3px #333;
    padding: 10px 0 5px 50px;
    background-image:url(../images/2304.png);
    background-repeat: no-repeat;
    background-position: left -12px;
}
#main-list h3{
    padding-top:10px;
    color: #FFF;
    text-shadow: 1px 1px 1px #000;
    font-weight: normal;
}
```

图 8-8

5. 完成店铺 APP 首页制作，其 jQuery Mobile 页面的完整代码如下：

```html
<!doctype html>
<html>
<head>
<meta charset="utf-8">
<title>店铺APP首页</title>
<meta name="viewport" content="width=device-width,initial-scale=1">
<link rel="stylesheet" href="http://code.jquery.com/mobile/1.4.5/jquery.mobile-1.4.5.min.css" />
<script src="http://code.jquery.com/jquery-1.11.1.min.js"></script>
<script src="http://code.jquery.com/mobile/1.4.5/jquery.mobile-1.4.5.min.js"></script>
<link rel="stylesheet" href="8-2.css" />
</head>


<body>
<div data-role="page" id="page1" class="bg02">
    <div data-role="content">
        <div id="logo"><img src="images/8-2.jpg" alt="logo"></div>
        <div id="main-list">
            <h1>今天吃点啥？</h1>
            <ul data-role="listview" data-inset="true">
<li><a href="8-4.html" rel="external" data-transition="slidedown"><img src="images/1.jpg"/><h3>牛羊肉类</h3><p></p></a></li>
<li><a href="8-4.html" rel="external"  data-transition="slidedown"><img src="images/2.jpg"/><h3>美味贝类</h3></a></li>
<li><a href="8-4.html" rel="external"  data-transition="slidedown"><img src="images/3.jpg"/><h3>进口蟹类</h3></a></li>
<li><a href="8-4.html" rel="external"  data-transition="slidedown"><img src="images/4.jpg"/><h3>营养虾类</h3></a></li>
<li><a href="8-4.html" rel="external"  data-transition="slidedown"><img src="images/5.jpg"/><h3>深海鱼类</h3></a></li>
<li><a href="8-4.html" rel="external"  data-transition="slidedown"><img src="images/6.jpg"/><h3>海味零食</h3></a></li>
```

```
                </ul>
            </div>
        </div>
    </div>
  </body>
</html>
```

任务4 制作产品列表页

任务分析

在首页中单击任何产品分类,都会打开具体的产品列表页面。

本任务以"美味贝类"产品列表页面为例实现产品的列表显示,其他页面与此类似。在产品列表页面中还添加了列表过滤功能,帮助用户快速找到需要的产品。

任务实施

1. 新建一个 HTML5 页面,将其保存为 8-4.html。在 <head></head> 标签中间添加 <meta> 标签,加载 jQuery Mobile 函数库代码,代码省略。

2. 在 <body> 与 </body> 标签之间编写如下页面文件代码:

```
<div data-role="page" id="page1" class="bg03">
    <div data-role="content">
        <div id="logo"><img src="images/8-2.jpg" alt="logo"></div>
        <div id="ct-list">
            <h1>请选择产品?</h1>
            <ul data-role="listview" data-inset="true" data-filter="true">
                <li><a href="8-5.html" rel="external" data-transition="slidedown"><img src="images/8-4-1.jpg"/><h2>蒜蓉粉丝扇贝</h2></a></li>
                <li><a href="8-5.html" rel="external" data-transition="slidedown"><img src="images/8-4-2.jpg"/><h2>海螺头</h2></a></li>
                <li><a href="8-5.html" rel="external" data-transition="slidedown"><img src="images/8-4-3.jpg"/><h2>粉丝鲍鱼</h2></a></li>
                <li><a href="8-5.html" rel="external" data-transition="slidedown"><img src="images/8-4-4.jpg"/><h2>扇贝肉</h2></a></li>
```

项目 8 —— 移动建站实例

<li><a href="8-5.html" rel="external" data-transition="slidedown"><img src="images/8-4-5.jpg"/><h2>丹东黄蚬子</h2></a></li>

<li><a href="8-5.html" rel="external" data-transition="slidedown"><img src="images/8-4-6.jpg"/><h2>进口黄金鲍</h2></a></li>

<li><a href="8-5.html" rel="external" data-transition="slidedown"><img src="images/8-4-7.jpg"/><h2>大花甲</h2></a></li>

<li><a href="8-5.html" rel="external" data-transition="slidedown"><img src="images/8-4-8.jpg"/><h2>象拔蚌</h2></a></li>

<li><a href="8-5.html" rel="external" data-transition="slidedown"><img src="images/8-4-9.jpg"/><h2>大连生蚝</h2></a></li>

<li><a href="8-5.html" rel="external" data-transition="slidedown"><img src="images/8-4-10.jpg"/><h2>加拿大北极贝</h2></a></li>

  </ul>
  </div>
 </div>
</div>

3. 保存页面，在页面 <head></head> 中间添加链接 CSS 样式表代码：

<link rel="stylesheet" href="8-2.css" />

4. 在网页同一目录下新建样式表文件 8-2.css，并在其中补充代码，调整图片显示效果。保存页面，在模拟器中预览该页面，可以看到页面效果，代码和页面效果如图 8-9 所示。

```css
#ct-list h1 {
    font-size: 24px;
    color: #FFF;
    font-weight: boeder;
    font-style: italic;
    text-shadow: 2px 2px 3px #333;
    padding: 10px 0 5px 50px;
    background-image: url(../images/2304.png);
    background-repeat: no-repeat;
    background-position: left -123px;
}
#ct-list img{
    padding: 4px;
}
#ct-list a{
    padding-top: 10px;
    color: #FFF;
    text-shadow: 1px 1px 1px #000;
    font-weight: normal;
    background-color: rgba(0,0,0,0.7);
}
#ct-list a:hover,#ct-list a:active {
    background-color: rgba(0,0,0,1);
}
```

图 8-9

5. 完成店铺 APP 产品列表页制作，其 jQuery Mobile 页面的完整代码如下：

```html
<!doctype html>
<html>
<head>
<meta charset="utf-8">
<title>产品列表页面</title>
<meta name="viewport" content="width=device-width,initial-scale=1">
<link rel="stylesheet" href="http://code.jquery.com/mobile/1.4.5/jquery.mobile-1.4.5.min.css" />
<script src="http://code.jquery.com/jquery-1.11.1.min.js"></script>
<script src="http://code.jquery.com/mobile/1.4.5/jquery.mobile-1.4.5.min.js"></script>
<link rel="stylesheet" href="8-2.css" />
</head>

<body>
<div data-role="page" id="page1" class="bg03">
    <div data-role="content">
        <div id="logo"><img src="images/8-2.jpg" alt="logo"></div>
        <div id="ct-list">
            <h1>请选择产品？</h1>
            <ul data-role="listview" data-inset="true" data-filter="true">
                <li><a href="8-5.html" rel="external" data-transition="slidedown"><img src="images/8-4-1.jpg"/><h2>蒜蓉粉丝扇贝</h2></a></li>
                <li><a href="8-5.html" rel="external" data-transition="slidedown"><img src="images/8-4-2.jpg"/><h2>海螺头</h2></a></li>
                <li><a href="8-5.html" rel="external" data-transition="slidedown"><img src="images/8-4-3.jpg"/><h2>粉丝鲍鱼</h2></a></li>
                <li><a href="8-5.html" rel="external" data-transition="slidedown"><img src="images/8-4-4.jpg"/><h2>扇贝肉</h2></a></li>
                <li><a href="8-5.html" rel="external" data-transition="slidedown"><img src="images/8-4-5.jpg"/><h2>丹东黄蚬子</h2></a></li>
                <li><a href="8-5.html" rel="external" data-transition="slidedown"><img
```

src="images/8-4-6.jpg"/><h2>进口黄金鲍</h2></a></li>

    <li><a href="8-5.html" rel="external" data-transition="slidedown">< img src="images/8-4-7.jpg"/><h2>大花甲</h2></a></li>

    <li><a href="8-5.html" rel="external" data-transition="slidedown">< img src="images/8-4-8.jpg"/><h2>象拔蚌</h2></a></li>

    <li><a href="8-5.html" rel="external" data-transition="slidedown">< img src="images/8-4-9.jpg"/><h2>大连生蚝</h2></a></li>

    <li><a href="8-5.html" rel="external" data-transition="slidedown">< img src="images/8-4-10.jpg"/><h2>加拿大北极贝</h2></a></li>

   </ul>

   </div>

  </div>

 </div>

 </body>

</html>

任务5 制作产品介绍页

任务分析

在 8-4.html 页面中单击相应的产品，即可进入产品介绍页面。在该页面中将分两部分进行介绍，包括产品信息和产地信息，并且使用 jQuery Mobile 中的布局网格将介绍信息分两栏显示。

任务实施

1. 新建一个 HTML5 页面，将其保存为 8-5.html。在 <head></head> 标签中间添加 <meta> 标签，加载 jQuery Mobile 函数库代码，代码省略。

2. 在 <body> 与 </body> 标签之间编写如下页面文件代码：

<div data-role="page" id="page1" class="bg03">

 <div data-role="content">

  <div id="logo"><img src="images/8-2.JPG" alt="logo"></div>

  <!--产品介绍信息开始-->

  <div class="ui-grid-a" id="infos">

```html
<div class="ui-block-a">
    <h1>美味贝类</h1>
    <p>蒜蓉粉丝扇贝</p>
    <ul>
        <li>产地：大连</li>
        <li>规格：200g每袋</li>
        <li>储存方法：-18℃保存</li>
        <li>保质期：12个月</li>
    </ul>
</div>
<div class="ui-block-b">
    <p><img src="images/8-5-1.jpg" alt=""/></p>
    <p><a href="#" rel="external">详细信息</a></p>
</div>
</div>
<!--产品介绍信息结束-->
</div>
```

该页面主要有两部分内容，一部分为产品基本信息，另一部分为产品详细信息。在该部分使用 jQuery Mobile 中的布局网格将内容区域分为两列，左侧放置产品基本信息，右侧放置产品图片和链接按钮。

3. 在 8-2.css 中添加样式代码，调整图片显示效果。保存页面，在模拟器中预览该页面，可以看到页面效果，代码和页面效果如图 8-10 所示。

```css
#infos {
    height: auto;
    overflow: hidden;
    background-color: rgba(0,0,0,0.3);
    margin-top: 10px;
    padding: 10px;
    color: #FFF;
    font-size: 14px;
    text-shadow: none;
}
#infos h1 {
    font-size: 18px;
    margin: 0 auto 5px auto;}
```

```css
#infos p {
    line-height: 20px;
    margin:2px auto 5px auto;
}
#infos li{
    list-style-type: square;
    list-style-position: inside;
    margin-left: 5px;
}
#infos .ui-block-b img {
    width: 100%;
    height: auto;
    border: 2px solid #FFF;
}
```

图 8-10

项目 8 —— 移动建站实例

```
#infos .ui-block-b a {
    padding: 5px 10px;
    font-size: 12px;
    color: #FFF;
    font-weight: normal;
    background-color: rgba(0,0,0,0.5);
    border: 1px solid rgb(102,51,51);
    border-radius: 3px;
    float: right;
}
#infos .ui-block-b a:hover,#infos .ui-block-b a:active {
    padding: 5px 10px;
    font-size: 12px;
    color: #F30;
    font-weight: normal;
    background-color: rgba(0,0,0,1);
    border: 1px solid rgb(102,51,51);
    border-radius: 3px;
    float: right;
}
```

图 8-10（续）

4. 回到 jQuery Mobile 页面中，制作产地信息内容界面。在产品信息结束之后编写产地信息部分的页面代码如下：

```
<!--产地信息-->
    <div id="contact">
        <div class="ui-grid-a">
            <div class="ui-block-a">
                <h1>产地信息</h1>
                <p>大连市长海县广鹿岛</p>
                <p>北纬39° 优质冷水海鲜食材供应商</p>
            </div>
            <div class="ui-block-b"><img src="images/8-5-2.jpg" alt=""/></div>
        </div>
    </div>
    <!--产地信息-->
</div>
```

在该部分内容中，同样使用 jQuery Mobile 中的布局网格将内容分为两栏，左侧为产地基本信息，右侧为产地介绍图片。

— 185 —

5. 打开样式表文件 8-2.css，并在其中添加代码，调整页面显示效果。保存页面，在 jQuery Mobile 模拟器中预览该页面，可以看到页面效果，代码和部分页面效果如图 8-11 所示。

```css
#contact {
    height: auto;
    overflow: hidden;
    background-color: rgba(0,0,0,0.3);
    margin-top: 10px;
    padding: 10px;
    color: #FFF;
    font-size: 14px;
    text-shadow: none;
}
#contact h1 {
    font-size: 18px;
    margin: 0 auto 5px auto;
}
#contact p {
    line-height: 20px;
    margin:2px auto 5px auto;
}
#contact .ui-block-b img {
    width: 100%;
    height: auto;
    border: 2px solid #FFF;
}
```

图 8-11

6. 完成产品介绍页面的制作，完整的页面代码如下：

```html
<!doctype html>
<html>
<head>
<meta charset="utf-8">
<title>产品介绍页面</title>
<meta name="viewport" content="width=device-width,initial-scale=1">
<link rel="stylesheet" href="http://code.jquery.com/mobile/1.4.5/jquery.mobile-1.4.5.min.css" />
<script src="http://code.jquery.com/jquery-1.11.1.min.js"></script>
<script src="http://code.jquery.com/mobile/1.4.5/jquery.mobile-1.4.5.min.js"></script>
<link rel="stylesheet" href="8-2.css" />
```

项目 8 —— 移动建站实例

```html
</head>
<body>
<div data-role="page" id="page1" class="bg03">
    <div data-role="content">
        <div id="logo"><img src="images/8-2.JPG" alt="logo"></div>
        <!--产品介绍信息开始-->
            <div class="ui-grid-a" id="infos">
                <div class="ui-block-a">
                    <h1>美味贝类</h1>
                    <p>蒜蓉粉丝扇贝</p>
                    <ul>
                        <li>产地：大连</li>
                        <li>规格：200g每袋</li>
                        <li>储存方法：-18℃保存</li>
                        <li>保质期：12个月</li>
                    </ul>
                </div>
                <div class="ui-block-b">
                    <p><img src="images/8-5-1.jpg" alt=""/></p>
                    <p><a href="#" rel="external">详细信息</a></p>
                </div>
            </div>
        <!--产品介绍信息结束-->
        <!--产地信息-->
        <div id="contact">
            <div class="ui-grid-a">
                <div class="ui-block-a">
                    <h1>产地信息</h1>
                    <p>大连市长海县广鹿岛</p>
                    <p>北纬39° 优质冷水海鲜食材供应商</p>
                </div>
                <div class="ui-block-b"><img src="images/8-5-2.jpg" alt=""/></div>
```

```
            </div>
        </div>
        <!--产地信息-->
</div>
</div>
</body>
</html>
```

此时完成整个店铺 APP 的制作，整体效果如图 8-12 所示。

图 8-12

项目小结

本项目通过一个店铺 APP 的移动应用案例制作，介绍了使用 HTML5、CSS 与 jQuery Mobile 制作移动应用网页的方法。希望本项目介绍的案例能够给欲从事移动应用相关工作的读者一点启发，从而开发出更多优秀的移动网站与 APP。

参考文献

[1] 李晓斌. 移动互联网之路：HTML5+CSS3+jQuery Mobile APP 与移动网站设计［M］. 北京：清华大学出版社，2016.

[2] 赵增敏. 移动网页设计：基于 jQuery Mobile［M］. 北京：电子工业出版社，2017.

参考文献

[1] 李伟良, 王秀丽, 王少芳, 等. 中国上市公司之 iQum, Mobile APP 设计理念研究[M]. 北京: 清华大学出版社, 2013.

[2] 朱晓晓. 手持终端中 App 的交互设计[D]. 无锡: 江南大学, 2014.